Kurth

Pflichtenheft Brandschutz

Pflichten und Verantwortlichkeiten
beim betrieblichen Brandschutz

4. Auflage 2022

Kurth

Pflichtenheft Brandschutz

Pflichten und Verantwortlichkeiten beim betrieblichen Brandschutz

4. Auflage

In diesem Werk werden Rechtsgrundlagen erwähnt. Diese Angaben sind nach bestem Wissen zusammengestellt, dennoch sind Fehler nicht vollständig auszuschließen. Aus diesem Grund sind alle Angaben mit keiner Verpflichtung oder Garantie der Autoren oder des Verlags verbunden. Sie übernehmen infolgedessen keinerlei Verantwortung oder Haftung für etwaige inhaltliche Unrichtigkeiten des Buches.

Bibliografische Informationen der Deutschen Nationalbibliothek

Die Deutsche Nationalbibliothek verzeichnet diese Publikation in der Deutschen Nationalbibliografie; detaillierte bibliografische Daten sind im Internet über https://dnb.de abrufbar.

Bei der Herstellung des Werkes haben wir uns zukunftsbewusst für umweltverträgliche und wiederverwertbare Materialien entschieden.

ISBN 978-3-609-69503-7

E-Mail: kundenservice@ecomed-storck.de

Telefon: 089/2183-7922
Telefax: 089/2183-7620

4. Auflage 2022

www.ecomed-storck.de

Titelbild: fovito – stock.adobe.com

Satz: abavo GmbH, 86807 Buchloe
Druck: CPI book – Leck GmbH, 25917 Leck

Vorwort

Die Kontrolle über das Feuer hat wesentlich zum Überleben des Menschen in der Natur und zur Entwicklung der heutigen Technik beigetragen. Nachdem der Mensch gelernt hatte, Feuer selbst zu entfachen und zu bewahren, nutzt und schätzt er seit Jahrtausenden das wärme- und lichtspendende „Element“. Meist diente nur eine einfache offene Feuerstelle als Heizung und/oder zur Lebensmittelzubereitung, eventuell auch zur Abwehr gegen Raubtiere. Später stellte der Mensch mit Hilfe des Feuers Tongefäße her und hatte es gelernt, Metalle zu verformen.

Erst im 19. Jahrhundert setzte sich sowohl der Ofen als Heizung wie auch der Herd als Kochstelle langsam durch. Und das Zeitalter der Industrialisierung war nur mit Hilfe des gezähmten Feuers möglich.

Aber was ist, wenn das Feuer unbeabsichtigt oder unerwartet auftritt und außer Kontrolle gerät?

Wenn der Mensch hier keine Vorkehrungen trifft, kann er zu jeder Zeit die vernichtende Kraft des außer Kontrolle geratenen Feuers – des Brandes – verspüren. Gebäude und Anlagen können nach einem Brand mit mehr oder weniger großem Aufwand instandgesetzt werden, zerstörte Betriebs- und Arbeitsmittel neu beschafft werden, aber der Verlust von menschlichem Leben und die Beeinträchtigung der Gesundheit durch den Brand und seine Nebenwirkungen wiegen dagegen ungleich schwerer als der Sachschaden bzw. der Umweltschaden.

Brände und Explosionen sind oft die unmittelbaren Auslöser von Unfällen. In diesem Zusammenhang wurden in der Vergangenheit auch von den Unfallversicherungsträgern Tausende von Arbeitsunfällen gemeldet, deren Ursache auf Brände und Explosionen zurückzuführen waren.

Eine optimal gestaltete Arbeits- oder Betriebsstätte muss deshalb auch die Vorsorge zur Erhaltung der Gesundheit der Anwesenden und gegen die Zerstörung der Arbeitsmittel durch äußere Ereignisse, wie z.B. Brände und Explosionen, berücksichtigen.

Preetz, Januar 2022 Sönke Kurth

Inhaltsverzeichnis

1 Vorbemerkungen

Das „Pflichtenheft Brandschutz“ unterstützt Brandschutzbeauftragte und Fachkräfte für Arbeitssicherheit bei ihrer alltäglichen Arbeit zum vorbeugenden Brandschutz.

Ebenso ist das Pflichtenheft für Arbeitgeber/Unternehmer/Dienststellenleiter (im Weiteren „Arbeitgeber“ genannt), Führungskräfte, Brandschutzhelfer, Sicherheitsbeauftragte sowie allen Beschäftigten und Interessenvertretungen (Betriebs-/Personalrat, Schwerbehindertenvertretung u.a.) ein informatives Nachschlagewerk zum Thema „Brandschutz“.

Das Werk weist in kurzer, prägnanter Weise auf wichtige Themen zum Brandschutz (innerbetrieblich, organisatorisch, baulich usw.) hin. Es verzichtet auf lange Zitate aus Gesetzen, Verordnungen und Unfallverhütungsvorschriften.

Als Nutzer des Werkes soll Ihnen die Thematik anschaulich vermittelt werden und bei der täglichen Arbeit zum Arbeits- und Gesundheitsschutz und hier insbesondere zum Brandschutz eine erste Hilfe sein.

2 Begriffsbestimmungen

2.1 Brandschutz

Die Gesamtheit aller Maßnahmen, Mittel und Methoden, die

- den Ausbruch eines Brandes (Feuers) verhindern,
- die Ausbreitung von Feuer, Wärme und Rauch begrenzen,
- der Brandbekämpfung dienen,
- die Rettung von Menschen, Tieren und Sachmitteln priorisieren sowie
- den Schutz der Umwelt vor den Auswirkungen eines Brandes ermöglichen,

nennt man Brandschutz oder Feuerschutzwesen.

Man spricht hierbei vom vorbeugenden, baulichen, anlagentechnischen, organisatorischen und abwehrenden Brandschutz.

2.1.1 Vorbeugender Brandschutz

Der vorbeugende Brandschutz schafft die Voraussetzungen für einen wirkungsvollen abwehrenden Brandschutz. Vorbeugender Brandschutz oder auch die „passive Brandbekämpfung" ist ein Sammelbegriff für alle Maßnahmen, die im Vorfeld die Entstehung, Ausbreitung und Auswirkung von Bränden verhindert bzw. einschränkt und der Sicherung der Flucht- und Rettungswege dient.

Systemischer vorbeugender Brandschutz verringert das Risiko von Bränden und muss dabei auch fahrlässig oder bewusst herbeigeführte Brände berücksichtigen. Zum vorbeugenden Brandschutz gehören bauliche, anlagentechnische und organisatorische Maßnahmen.

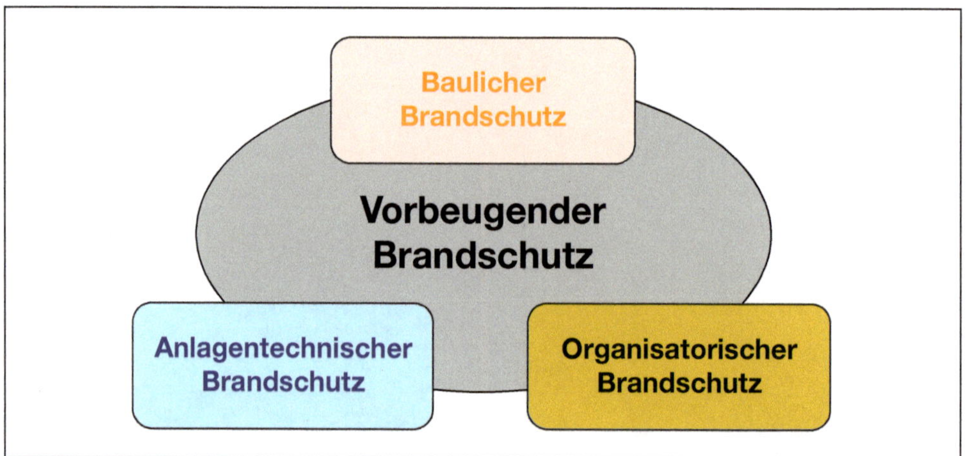

Baulicher Brandschutz

Als baulicher Brandschutz werden alle Brandschutzmaßnahmen beschrieben, welche an einem Gebäude (verwendete Baustoffe und Bauteile) vorhanden sind. Diese Maßnahmen gelten für sämtliche bei der Errichtung einer baulichen Anlage verwendeten Materialien, aber auch für die Errichtung und Freihaltung von Flucht- und Rettungswegen sowie für Brandwände.

Grundlage des baulichen Brandschutzes ist die frühzeitige – in die architektonische Konzeption zu integrierende – Planung von Brand- und Rauchabschnitten sowie die Sicherung der Flucht- und Rettungswege (s. DIN 18230).

Bei allen Baumaßnahmen sind Materialien zu bevorzugen, die einem Brand (Feuer) – zumindest eine gewisse Zeit lang – widerstehen (Feuerwiderstandsklassen) und auf diese Weise die Ausbreitung des Brandes auf andere Bereiche verhindern. Dieses wird realisiert durch eine vorausschauende Auswahl der Baustoffe, den tatsächlichen Feuerwiderstand der Bauteile, den feuerfesten Abschluss von Öffnungen (s. Klassifizierung nach DIN 4102 bzw. DIN EN 13501) und die Unterteilung größerer baulicher Anlagen in einzelne Brandabschnitte (z.B. durch feuerbeständige Wände und Türen, Brandwände, Rauchschürzen).

Ebenso ist sicherzustellen, dass die baulichen Anlagen für den abwehrenden Brandschutz (z.B. Flächen für die Feuerwehr) zugänglich, entsprechende Flucht- und Rettungswege vorhanden und (!) nutzbar sind.

Probleme entstehen sehr oft durch gestalterische Elemente, wie sie heute vielfach verwendet werden. Zum Beispiel große Glasflächen verbessern zwar die Orientierung und wirken optisch ansprechend, eine ausreichende Feuerwiderstandsdauer ist jedoch nur mit großem konstruktivem und finanziellem Aufwand zu erreichen.

Anlagentechnischer Brandschutz

Ziel des anlagentechnischen Brandschutzes, der den baulichen Brandschutz ergänzt, ist die frühzeitige Branderkennung z.B. durch Nutzung technischer Einrichtungen (Branddetektion und -signalisation).

Präventiv wird dieses u.a. realisiert durch Brandmeldeanlagen (BMA) mit Darstellung der überwachten Bereiche, der Brandkenngröße und der Stelle, auf die aufgeschaltet wird und/oder Alarmierungseinrichtungen mit Beschreibung der Auslösung und Funktionsweise sowie der automatischen Aktivierung vorhandener Löscheinrichtungen.

Operativ wird der anlagentechnische Brandschutz durch die Nutzung spezieller Anlagen und technischer Mittel realisiert, z.B. durch automatische Löschanlagen, brandschutztechnische Einrichtungen wie Steigleitungen, Wandhydranten, Druckerhöhungsanlagen, halbstationäre Löschanlagen und Einspeisestellen für die Feuerwehr und/oder Einrichtungen zur Rauchfreihaltung einschließlich Lüftungskonzept, soweit es den Brandschutz berührt (z.B. Umsteuerung der Lüftungsanlagen von Um- auf Abluftbetrieb), Sicherheits- und Notbeleuchtung, Blitz- und Überspannungsschutzanlagen usw.

Anlagentechnischer Brandschutz kann auch dazu dienen, die Einschränkungen von Betriebsabläufen durch bauliche Brandschutzmaßnahmen zu verhindern. Ein typisches Beispiel sind durch Rauchmelder gesteuerte Feuerschutzabschlüsse. Sie halten z.B. Türen, die den Betriebsablauf einer Station stören, im geöffneten Zustand und schließen diese nur im Brandfall.

Handbetätigte Geräte zur Brandbekämpfung

Zum Löschen von Bränden hat der Arbeitgeber von Hand zu betätigende Feuerlöscheinrichtungen (Feuerlöscher und/oder stationäre Brandschutzanlagen) in ausreichender Anzahl bereitzustellen und gebrauchsfertig zu erhalten. Sie dürfen durch Witterungseinflüsse, Vibrationen oder andere äußere Einwirkungen in ihrer Funktionsfähigkeit nicht beeinträchtigt werden.

In die Handhabung der örtlichen Feuerlöscheinrichtungen sind Beschäftigte in ausreichender Anzahl einzuweisen, denn nur so und mit einer raschen und leichten Erreichbarkeit dieser Geräte ist eine Bekämpfung von Entstehungsbränden gewährleistet.

Mittel und Geräte zur Brandbekämpfung sind deutlich erkennbar und dauerhaft, z.B. mit den Brandschutzzeichen gemäß der „Technischen Regel für Arbeitsstätten" – ASR A1.3, zu kennzeichnen.

Organisatorischer Brandschutz

Der vorbeugende Brandschutz kann nur dann funktionieren, wenn die erforderlichen baulichen und anlagentechnischen Brandschutzmaßnahmen in sinnvoller Weise durch organisatorische Maßnahmen zu einem Gesamtkonzept zusammengefügt werden. Hierbei hat sich der Schutz von Sachwerten dem Personenschutz unterzuordnen.

Inhalte des organisatorischen Brandschutzes sind:

- Aufstellen eines Brandschutzkonzeptes mit den Punkten:
  - Ausführungsart und Nutzungsart des Gebäudes bzw. der baulichen Anlage,
  - Brandlasten,
  - Gefährdung von Personen, Tieren und Sachen,
  - Brandentdeckung und Alarmierung,
  - bauliche Rauch- und Raumbegrenzung,
- Maßnahmen gegen Brandentstehung festlegen,
- Bereitstellen von Feuerlöscheinrichtungen,
- Maßnahmen zum Sichern der Flucht- und Rettungswege,
- Vorbereitungen zur Gefahrenabwehr treffen,
- Erstellen einer Brandschutzordnung und eines Brandschutzplanes,
- Bestellung von Brandschutzhelfern (mind. 5 % der Beschäftigten),
- ggf. Bestellung eines Brandschutzbeauftragten,
- Motivieren und Unterweisen von Mitarbeitern in der Brandbekämpfung und Gefahrenabwehr, z.B. durch Evakuierungs-, Brandschutz- und Löschübungen sowie
- Verfügbarkeit der externen Unterstützungsstellen, z.B. Feuerwehr, Rettungsdienste, Hilfskräfte des Betreibers sicherstellen.

Alarmplan

Betrieb/Abteilung/Stockwerk: ....

Straße, Nr.: .... Zufahrt über: ....

Wichtige Rufnummern

Feuerwehr-Notruf: } **112**
Rettungsdienst/Notarzt: } **112**

Polizi-Notruf: **110**

nächster Arzt: ....

Wer meldet?
Was ist passiert?
Wo ist es passiert?

Wichtige Hinweise für den Notfall

nächstes Telefon mit Amtsberechtigung: ....

nächster Feuermelder: ....

nächster Feuerlöscher: ....

nächster Wandhydrant: ....

nächster Verbandkasten: ....

sonstige Notfalleinrichtungen: ....

Sammelplatz: ....

Ersthelfer: ....

....

Fachkraft für Arbeitssicherheit: ....

Brandschutzhelfer: ....

Nach einem Notruf zu benachrichtigen:

Technische Notdienste (Stadtwerke, Werksfeuerwehr etc.): ....

Betriebsleitung: .... Tel.: ....

alternativ: .... Tel.: ....

Vertretung: .... Tel.: ....

alternativ: .... Tel.: ....

Hausmeister: .... Tel.: ....

Pförtner: .... Tel.: ....

Verhaltensregeln

Mit der Brandschutzordnung Teil A (Aushang) gemäß DIN 14096 stellt der Arbeitgeber (Betreiber) die wichtigsten Verhaltensregeln im Brandfall auf.

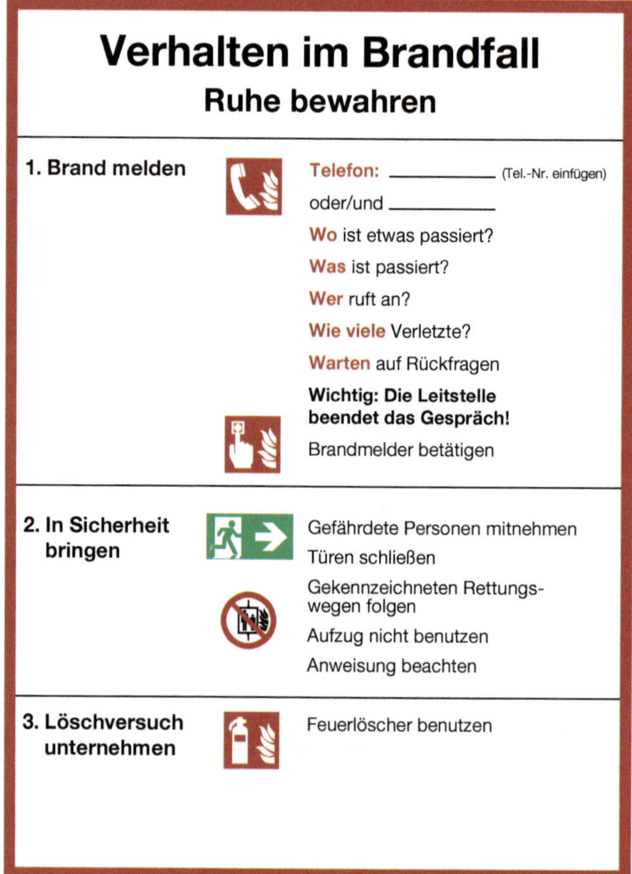

2.1.2 Abwehrender Brandschutz

Der abwehrende Brandschutz tritt erst dann in Erscheinung, wenn es bereits brennt und der vorbeugende Brandschutz versagt hat. Der abwehrende Brandschutz ist insbesondere eine Aufgabe der Feuerwehr. Zu deren Aufgabe zählt nicht nur das eigentliche Löschen des Brandes, sondern auch die Verhinderung von dessen Begleitschäden.

Der abwehrende Brandschutz umfasst alle Maßnahmen zur Bekämpfung von Gefahren für Leben, Gesundheit und Sachwerte. Eine Feuerwehr muss ihre Maßnahmen nach der vorgefundenen Schadenslage treffen.

Ein Brand führt zu Gefahren und Schäden sowohl durch die Wärmeentwicklung, die Wirkung des Brandrauches als auch seine mechanischen Wirkungen. Diesen Wirkungen unterliegen sowohl die vom Brand erfassten Stoffe und Gegenstände als auch die Umgebung. Vorrangig müssen aber die Gefahren für Menschen und Tiere beachtet werden, jedoch auch für Sachwerte und zunehmend auch für die Umwelt, da die Auswirkungen und die entstehenden Kosten oft ein Vielfaches des Primärschadens ausmachen.

Abwehrender Brandschutz			
Retten	Löschen	Bergen	Schützen

Die Aufgaben der Feuerwehren lassen sich im Wesentlichen mit den Begriffen, Retten, Löschen, Bergen und Schützen zusammenfassen:

Retten ist die Abwendung einer Lebensgefahr von Menschen durch Sofortmaßnahmen (z. B. Erste Hilfe), die der Erhaltung oder Wiederherstellung von Atmung, Kreislauf oder Herztätigkeit dienen und/oder Befreien aus einer Zwangslage durch technische Rettungsmaßnahmen.

Das **Löschen** ist originäre Aufgabe der Feuerwehr. Bei diesem sogenannten abwehrenden Brandschutz werden Brände mit Hilfe der technischen Feuerwehrausrüstung bekämpft.

Das **Bergen** von Sachgütern, Tieren oder toten Menschen ist ein weiterer Bestandteil ihrer Aufgaben.

Zum **Schützen** gehört unter anderem die Bereitstellung von Feuersicherheitswachen bei öffentlichen Veranstaltungen (im Rahmen des vorbeugenden Brandschutzes) und die Kontrolle von Hydranten und weiteren Löscheinrichtungen.

Feuerwehren

Feuerwehren sind öffentliche Feuerwehren (Berufsfeuerwehren, Freiwillige Feuerwehren, Pflichtfeuerwehren) und Werkfeuerwehren, die auch nebeneinander aufgestellt sein können. Sie haben die Aufgabe, bei Bränden, Unfällen, Überschwemmungen und ähnlichen Ereignissen Hilfe zu leisten, d. h. Menschen, Tiere und Sachwerte zu retten, zu löschen, zu bergen und zu schützen, wobei der Menschenrettung die oberste Priorität zukommt.

Daneben haben Feuerwehren bei der Brandschutzerziehung und Brandschutzaufklärung zu unterstützen.

2.2 Brandrisiken

Die brandschutztechnische Beurteilung innerhalb eines Betriebes hängt von der Gebäudeart (z. B. Innenausbau, Einrichtung), der Feuerwiderstandsdauer der einzelnen Bauteile, der betrieblichen Nutzung, dem Zustand der elektrischen Anlagen und von den zu verarbeitenden oder gelagerten Arbeits-, Hilfs- oder Betriebsstoffen (explosionsfähige, brennbare und brandfördernde Stoffe) ab.

Aus dem Heizwert aller Gebäudeteile einschließlich aller darin befindlichen Objekte, bezogen auf die Bodenfläche des Gebäudes, lässt sich die Brandlast (auch Brandbelastung) ermitteln.

Die verlässliche Beurteilung des Brandrisikos schließt die Beurteilung der Stoffeigenschaften des Brandgutes und dessen Anordnung im Gebäude ein.

Dazu gehören Kenntnisse über

- Brandverhalten und Heizwert,
- Entzündbarkeit/Entflammbarkeit sowie
- Abbrandgeschwindigkeit und Lagermenge.

Beispiele

Untersuchungen in Lackierbereichen von holzverarbeitenden Betrieben haben gezeigt, dass das Brandrisiko durch

- Selbstentzündung,
- Schweiß-/Trennarbeiten und
- Ablagerungen in Absaugeinrichtungen

besonders hoch sein kann.

In der Praxis können aber auch öl- und fettverunreinigte Arbeitskleidung oder persönliche Schutzausrüstung durch Sauerstoffanreicherung in der Raum- oder Umgebungsluft zu einem erhöhten Brandrisiko führen.

Nicht zu vergessen ist das Brandrisiko durch fahrlässig oder bewusst herbeigeführte Brände!

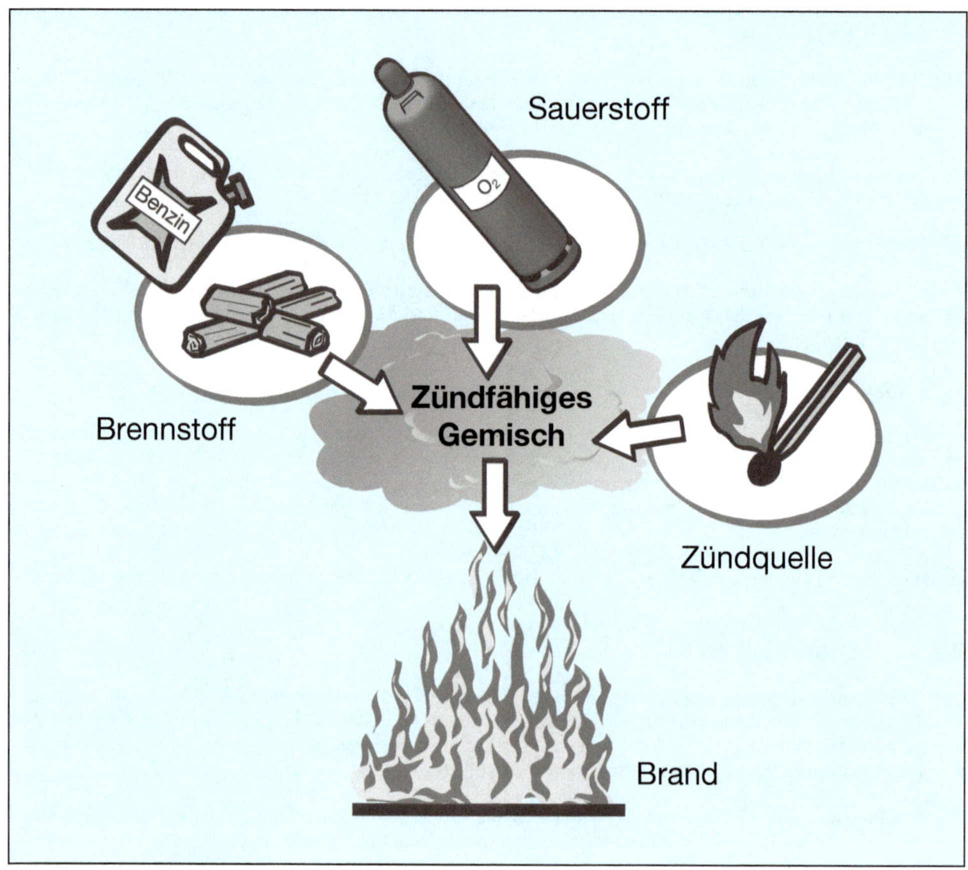

2.3 Brandklassen

Die Art des Stoffes entscheidet darüber, welcher Brandklasse dieser Stoff zugeteilt wird. Brennbare Stoffe reagieren sehr unterschiedlich und benötigen daher unterschiedliche Löschmittel.

Da es kein allgemein verwendbares Löschmittel gibt, ist bei der Auswahl und Beschaffung der Löschmittel darauf zu achten, dass sie für die entsprechende Brandklasse zugelassen sind.

Mit Erscheinen der DIN EN 2 (Brandklassen) im Januar 2005 ist neben den bisher bekannten Brandklassen „A, B, C und D“ jetzt auch die Brandklasse „F“ aufgenommen worden.

Brandklasse „F“ umfasst Brände von Speisefetten und -ölen z.B. in Frittier- und Fettbackgeräten oder in anderen Kücheneinrichtungen.

Grundsätzlich gehören Fette der Brandklasse „B“ an, jedoch werden Fettbrände wegen ihrer besonderen Gefahren und Eigenheiten der gesonderten Brandklasse „F“ zugerechnet.

Anzahl und Auswahl (Art) der Feuerlöschgeräte sind abhängig von der Brandgefahr und deren Eignung in den einzelnen Brandklassen.

Arten von Feuerlöschern	A feste, glutbildende Stoffe	B flüssige oder flüssig werdende Stoffe	C gasförmige Stoffe, auch unter Druck	D brennbare Metalle	F Speisefette und -öle in Frittier- und Fettbackgeräten (Fettbrand)
	z. B. Holz, Papier, Kunststoffe, Kohle, Textilien, Autoreifen, Stroh	z. B. Lacke, Farben, Alkohole, Benzine, Wachse, Teer, viele Kunststoffe	z. B. Methan, Acetylen, Erdgas, Propan, Wasserstoff	z. B. Aluminium, Natrium, Kalium, Magnesium	z. B. Speiseöle und Speisefette
Pulverlöscher mit ABC-Löschpulver	●	●	●	–	–
Pulverlöscher mit BC-Pulver	–	●	●	–	–
Pulverlöscher mit Metallbrandpulver	–	–	–	●	–
Kohlendioxidlöscher	–	●	–	–	–
Wasserlöscher (auch mit Zusätzen, z. B. Netzmittel, Frostschutzmittel oder leistungssteigernden Mitteln)	●	–	–	–	–
Wassernebellöscher	●	–	–	–	● (gelb)
Schaumlöscher	●	●	–	–	–
Fettbrandlöscher	(●)	(●)	–	–	●

● – geeignet
● (gelb) – bedingt geeignet, soweit für diese Brandklasse zugelassen
– – nicht geeignet
(●) – Mögliche Brandklassen-Kombination mit der Brandklasse F nach geprüfter Eignung und Zulassung

3 Rechtliche Grundlagen

3.1 Europäische Vorgaben

Der Vertrag zur Gründung der Europäischen Gemeinschaft verpflichtet die Mitgliedsstaaten zum Schutz der Gesundheit und der Sicherheit der Beschäftigten. Hierzu wurden u. a. nachfolgende Richtlinien erlassen, die den Gesetzgeber und somit den Arbeitgeber verpflichten, Arbeits- und Gesundheitsschutz, insbesondere den Brand- und Explosionsschutz in den Betrieben zu organisieren bzw. zu beachten.

89/391/EWG

In der Richtlinie 89/391/EWG des Rates über die Durchführung von Maßnahmen zur Verbesserung der Sicherheit und des Gesundheitsschutzes der Arbeitnehmer bei der Arbeit vom 12.06.1989 (auch Rahmenrichtlinie genannt) werden Arbeitgeber verpflichtet, die Maßnahmen zu treffen, die zur Brandbekämpfung und zur Evakuierung der Arbeitnehmer erforderlich sind. Sie haben dabei die erforderlichen Verbindungen zu außerbetrieblichen Stellen im Bereich der Brandbekämpfung zu organisieren und diejenigen Arbeitnehmer zu benennen, die für die Brandbekämpfung und Evakuierung zuständig sind. Diese Richtlinie und weitere wurden dann im Arbeitsschutzgesetz (ArbSchG) ratifiziert.

89/654/EWG

Die Richtlinie 89/654/EWG des Rates über die Mindestvorschriften für Sicherheit und Gesundheitsschutz in Arbeitsstätten vom 30.11.1989 verpflichtet Arbeitgeber, Feuerlöscheinrichtungen und erforderlichenfalls Brandmelder und Alarmanlagen zu installieren. Diese Richtlinie und weitere werden in den Vorschriften der Arbeitsstättenverordnung (ArbStättV) in nationales Recht umgesetzt. Technische Regeln für Arbeitsstätten (ASR) konkretisieren dann diese Vorschriften.

1999/92/EG

Die Richtlinie 1999/92/EG enthält die betrieblichen Anforderungen zur Einhaltung der Mindestvorschriften zur Verbesserung des Gesundheitsschutzes und der Arbeitssicherheit der Arbeitnehmer, die durch explosionsfähige Atmosphären gefährdet werden können. Diese Richtlinie sieht seitens des Arbeitgebers eine Einteilung der Bereiche, in denen explosionsfähige Atmosphären vorhanden sein können, in Zonen vor und legt fest, welche Geräte und Schutzsysteme in den jeweiligen Zonen benutzt werden. Die nationale Umsetzung erfolgt in der Gefahrstoffverordnung (GefStoffV). Die Vorschriften dieser Verordnung werden durch Technische Regeln für Gefahrstoffe (TRGS) konkretisiert.

2014/34/EU

Materielle Anforderungen zur Betriebssicherheit der Geräte und Schutzsysteme sind nur gewährleistet, wenn die in der Richtlinie 2014/34/EU festgelegten grundlegenden Forderungen für Sicherheit und Gesundheitsschutz, hier insbesondere zur Verwendung in explosionsgefährdeten Bereichen, beachtet werden. Die Einhaltung dieser Anforderungen wird auf dem Gerät und in der begleitenden Dokumentation mit dem CE-Kennzeichen sowie einer EU-Konformitätserklärung des Herstellers oder Inverkehrbringers dokumentiert. Die nationale Umsetzung dieser Richtlinie erfolgt in der Explosionsschutzprodukteverordnung (11. ProdSV).

Weitere europäische Richtlinien, die Einfluss auf nationale Gesetze oder Verordnungen haben, aber hier nicht aufgeführt sind, geben zusätzliche Hinweise, wie Arbeitgeber den Brand- und Explosionsschutz in ihrem Betrieb regeln müssen.

3.2 Nationale Vorgaben

Der Gesetzgeber verpflichtet Arbeitgeber, aber auch Beschäftigte und Dritte, die veröffentlichten Gesetze und Verordnungen zum Arbeits- und Gesundheitsschutz sowie zum Brand- und Explosionsschutz in der betrieblichen Organisation zu berücksichtigen bzw. umzusetzen.

Bundesgesetze

Mit den zum Arbeits- und Gesundheitsschutz erlassenen Bundesgesetzen und Verordnungen hat der Bundestag mit Zustimmung des Bundesrates europäische Richtlinien ratifiziert. Diese gelten in allen Tätigkeitsbereichen (z. B. Privatwirtschaft und öffentlicher Dienst) sowie für alle Beschäftigtengruppen (Arbeitnehmer, Beamte, Richter, Soldaten usw.).

Über das „Siebte Buch Sozialgesetzbuch" (SGB VII) werden zusätzlich die Unfallversicherungsträger verpflichtet – dort, wo keine gesetzlichen Vorschriften bestehen – Unfallverhütungsvorschriften zu erlassen, die u. a. den Brand- und Explosionsschutz für die Mitgliedsbetriebe regeln.

Landesgesetze

Des Weiteren sind von den Arbeitgebern die durch die Länderparlamente in den jeweiligen Landesgesetzen erlassenen Vorschriften zum Brand- und Explosionsschutz (z. B. Bauordnungsrecht der Länder, Industriebauverordnung, Versammlungsstättenverordnung, Verkaufsstättenverordnung) umzusetzen.

3.2.1 Arbeitsschutzgesetz – ArbSchG

Das Arbeitsschutzgesetz (ArbSchG) verpflichtet Arbeitgeber – neben den „Grundpflichten des Arbeitgebers" und den „Allgemeinen Grundsätzen" zu den in der EG-Rahmenrichtlinie 89/391/EWG festgelegten Maßnahmen – betriebsinterne Regelungen zur Ersten Hilfe, Brandbekämpfung und Evakuierung zu treffen (§ 10 ArbSchG).

Arbeitgeberpflichten

Arbeitgeber werden insbesondere verpflichtet, unter Berücksichtigung der Art der Arbeitsstätte und der Zahl der Beschäftigten Vorsorgemaßnahmen zu treffen, die zur Ersten Hilfe, Brandbekämpfung und Evakuierung erforderlich sind. Sie müssen sicherstellen, dass im Notfall die erforderlichen Verbindungen zu außerbetrieblichen Stellen eingerichtet sind und haben dafür Sorge zu tragen, dass nach Zahl, Ausbildung und Ausrüstung ausreichendes Personal für die Notfallmaßnahmen im Betrieb zur Verfügung steht.

Nur wenn der Arbeitgeber über die erforderliche Ausbildung und Ausrüstung verfügt, darf er selbst die Aufgaben der Ersten Hilfe, Brandbekämpfung und Evakuierung übernehmen.

Beschäftigte haben den Arbeitgeber bei allen o. a. Maßnahmen tatkräftig zu unterstützen.

3.2.2 Gefahrstoffverordnung – GefStoffV

Die vorbeugenden betrieblichen Anforderungen des Brand- und Explosionsschutzes werden national über die Gefahrstoffverordnung (GefStoffV) geregelt.

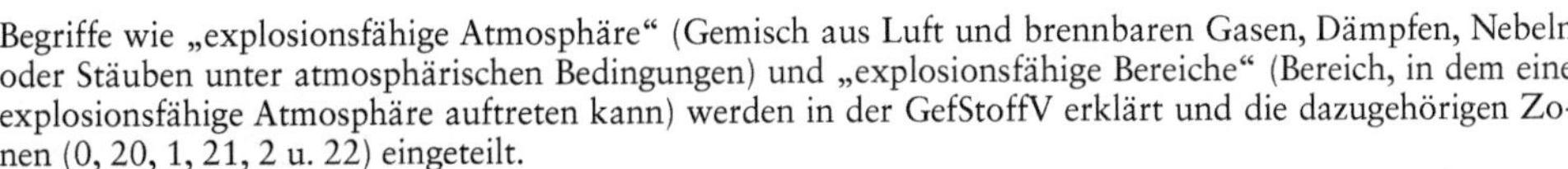

Begriffe wie „explosionsfähige Atmosphäre" (Gemisch aus Luft und brennbaren Gasen, Dämpfen, Nebeln oder Stäuben unter atmosphärischen Bedingungen) und „explosionsfähige Bereiche" (Bereich, in dem eine explosionsfähige Atmosphäre auftreten kann) werden in der GefStoffV erklärt und die dazugehörigen Zonen (0, 20, 1, 21, 2 u. 22) eingeteilt.

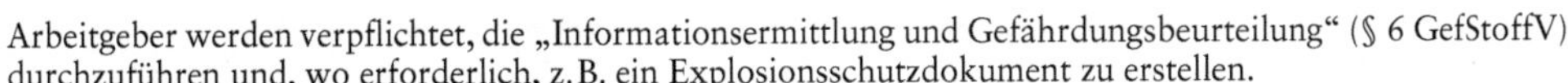

Arbeitgeber werden verpflichtet, die „Informationsermittlung und Gefährdungsbeurteilung" (§ 6 GefStoffV) durchzuführen und, wo erforderlich, z. B. ein Explosionsschutzdokument zu erstellen.

Technische Regeln für Gefahrstoffe

Die Technischen Regeln für Gefahrstoffe (TRGS) geben dem Stand der Technik, Arbeitsmedizin und Hygiene entsprechende Regeln und sonstige gesicherte arbeitswissenschaftliche Erkenntnisse für Tätigkeiten mit Gefahrstoffen, einschließlich deren Einstufung und Kennzeichnung, wieder.

Nachfolgende Regeln konkretisieren und erklären die nationalen Vorschriften zum Brand- und Explosionsschutz:

TRGS 720	**Gefährliche explosionsfähige Gemische – Allgemeines**
TRGS 721	**Gefährliche explosionsfähige Gemische – Beurteilung der Explosionsgefährdung**
TRGS 722	**Vermeidung oder Einschränkung gefährlicher explosionsfähiger Gemische**
TRGS 723	**Gefährliche explosionsfähige Gemische – Vermeidung der Entzündung gefährlicher explosionsfähiger Gemische**
TRGS 724	**Gefährliche explosionsfähige Gemische – Maßnahmen des konstruktiven Explosionsschutzes, welche die Auswirkung einer Explosion auf ein unbedenkliches Maß beschränken**
TRGS 725	**Gefährliche, explosionsfähige Atmosphäre – Mess-, Steuer- und Regeleinrichtungen im Rahmen von Explosionsschutzmaßnahmen**
TRGS 727	**Vermeidung von Zündgefahren infolge elektrostatischer Aufladungen**
TRGS 745	**Ortsbewegliche Druckgasbehälter – Füllen, Bereithalten, innerbetriebliche Beförderung, Entleeren**
TRGS 746	**Ortsfeste Druckanlagen für Gase**
TRGS 751	**Vermeidung von Brand-, Explosions- und Druckgefährdungen an Tankstellen und Gasfüllanlagen zur Befüllung von Landfahrzeugen**
TRGS 800	**Brandschutzmaßnahmen**

Zum Beispiel die TRGS 721 „Gefährliche explosionsfähige Atmosphäre" – Beurteilung der Explosionsgefährdung" konkretisiert die Anforderungen an die Beurteilung von Explosionsgefährdungen durch explosionsfähige Atmosphären im Rahmen der „Beurteilung der Arbeitsbedingungen" (Gefährdungsbeurteilung) gemäß § 5 ArbSchG.

Bei Anwendung der in den TRGS beispielhaft genannten Maßnahmen können Arbeitgeber insoweit die Vermutung der Einhaltung der Vorschriften der GefStoffV für sich geltend machen. Wählen sie einen anderen Weg, haben sie die gleichwertige Erfüllung dieser Vorschriften im Rahmen der Gefährdungsbeurteilung schriftlich nachzuweisen.

3.2.3 Arbeitsstättenverordnung – ArbStättV

Die Arbeitsstättenverordnung (ArbStättV) enthält zentrale Vorschriften zum Schutz der Sicherheit und der Gesundheit am Arbeitsplatz vor den Gefährdungen im Zusammenhang mit Arbeitsstätten. Es sind Mindestvorschriften, die unter dem Aspekt der Sicherheit und des Gesundheitsschutzes der Beschäftigten formuliert sind. Technische Regeln für Arbeitsstätten (ASR) konkretisieren dann diese Vorschriften. Zum Beispiel enthält die ASR A2.2 „Maßnahmen gegen Brände" den aktuellen Stand der Technik zu den Maßnahmen gegen Brände in Arbeitsstätten.

Flucht- und Rettungsplan

Die ArbStättV verlangt vom Arbeitgeber einen Flucht- und Rettungsplan aufzustellen, wenn Lage, Ausdehnung und Nutzung der Arbeitsstätte es erfordern (siehe auch 6.3.3). Das ist z.B. dann gegeben, wenn die regelmäßige Anwesenheit betriebsfremder und ortsfremder Personen eine zusätzliche Gefährdung der Beschäftigten darstellt.

Diese Regelung soll über die vorbeugenden Maßnahmen hinaus gewährleisten, dass die Beschäftigten im Brand- oder Katastrophenfall wissen, wie sie sich schnell aus dem Gefahrenbereich in Sicherheit bringen bzw. von außen gerettet werden können. Der Weg ins Freie wird vor der Flucht in einen gesicherten Bereich als geeignete Schutzmaßnahme genannt. Die ASR A2.3 „Fluchtwege und Notausgänge, Flucht und Rettungsplan" konkretisiert die Anforderungen an das Einrichten und Betreiben von Fluchtwegen und Notausgängen sowie an den Flucht- und Rettungsplan.

Fluchtwege und Notausgänge müssen auf möglichst kurzem Weg (Fluchtweglänge bis zu 35 m ≙ Laufweglänge bis zu 52,5 m) ins Freie oder, falls dies nicht möglich ist, in einen gesicherten Bereich führen. Türen im Verlauf von Fluchtwegen oder Türen von Notausgängen müssen sich von innen ohne besondere Hilfsmittel jederzeit leicht öffnen lassen, solange sich Beschäftigte in der Arbeitsstätte befinden. Sie sind mit einer Sicherheitsbeleuchtung auszurüsten, wenn das gefahrlose Verlassen der Arbeitsstätte für die Beschäftigten, insbesondere bei Ausfall der allgemeinen Beleuchtung, nicht gewährleistet ist.

Sicherheits- und Gesundheitsschutzkennzeichnung

Die ArbStättV enthält grundsätzliche Festlegungen (siehe auch 6.7) in Bezug auf die Kennzeichnung der Sicherheit und des Gesundheitsschutzes am Arbeitsplatz.

Einer Sicherheits- und Gesundheitsschutzkennzeichnung am Arbeitsplatz bedarf es immer dann, wenn die Risiken nicht durch kollektive technische Maßnahmen oder durch arbeitsorganisatorische Maßnahmen vermieden oder ausreichend begrenzt werden können. Die ASR A1.3 und die DGUV Information 211-041 konkretisieren die Anforderungen für die Kennzeichnungen in den Arbeitsstätten und die Gestaltung von Flucht- und Rettungsplänen.

Schutz vor Entstehungsbränden

Anknüpfend an die Zielsetzung eines vorbeugenden Schutzes der Beschäftigten vor Brandgefahren in der Arbeitsstätte fordert die ArbStättV vom Arbeitgeber die Verwendung von brandhemmenden Materialien. Dort, wo eine Brandgefährdung nicht auszuschließen ist, müssen Arbeitsstätten – abhängig vom Gefährdungspotential – mit geeigneten Feuerlöscheinrichtungen und erforderlichenfalls Brandmeldern und Alarmanlagen ausgestattet sein.

Arbeitsstätten-Regeln - ASR

Die „Technischen Regeln für Arbeitsstätten“ – ASR konkretisieren und erklären die Anforderungen der ArbStättV hinsichtlich der Ermittlung und Bewertung von Gefährdungen sowie der Ableitung von geeigneten Schutzmaßnahmen.

Bei Anwendung der beispielhaft genannten Maßnahmen kann der Arbeitgeber insoweit die Vermutung der Einhaltung der Vorschriften der ArbStättV für sich geltend machen.

Wählt er eine andere Lösung, muss er damit die gleiche Sicherheit und den gleichen Gesundheitsschutz für die Beschäftigten erreichen. Grundlage hierfür ist die Beurteilung der Arbeitsbedingungen nach dem ArbSchG. Die Verpflichtung zur Dokumentation der umgesetzten Maßnahmen ergibt sich aus § 6 ArbSchG.

3.2.4 Betriebssicherheitsverordnung - BetrSichV

Die Betriebssicherheitsverordnung (BetrSichV) verweist in der Thematik Brand- und Explosionsschutz grundsätzlich auf die Gefahrstoffverordnung (GefStoffV). Sie gilt aber für die Verwendung von Arbeitsmitteln – einschließlich der Mittel zum Brand- und Explosionsschutz.

Ziel der BetrSichV ist es, die Sicherheit und den Schutz der Gesundheit von Beschäftigten bei der Verwendung von Arbeitsmitteln zu gewährleisten.

Dies soll insbesondere erreicht werden durch

1. die Auswahl geeigneter Arbeitsmittel und deren sichere Verwendung,
2. die für den vorgesehenen Verwendungszweck geeignete Gestaltung von Arbeits- und Fertigungsverfahren sowie
3. die Qualifikation und Unterweisung der Beschäftigten.

Die BetrSichV regelt hinsichtlich der in § 18 und in Anhang 2 genannten überwachungsbedürftigen Anlagen zugleich Maßnahmen zum Schutz anderer Personen in den Gefahrenbereichen.

Technische Regeln für Betriebssicherheit

Die Technischen Regel für Betriebssicherheit (TRBS) geben den Stand der Technik, Arbeitsmedizin und Hygiene entsprechende Regeln und sonstige gesicherte arbeitswissenschaftliche Erkenntnisse für die Bereitstellung und Benutzung von Arbeitsmitteln sowie für den Betrieb überwachungsbedürftiger Anlagen wieder.

TRBS konkretisieren die BetrSichV hinsichtlich der Ermittlung und Bewertung von Gefährdungen sowie der Ableitung von geeigneten Maßnahmen.

Bei Anwendung der beispielhaft in der TRBS genannten Maßnahmen können Arbeitgeber insoweit die Vermutung der Einhaltung der Vorschriften der BetrSichV für sich geltend machen. Wählen sie eine andere Lösung, haben sie die gleichwertige Erfüllung der Vorschriften schriftlich nachzuweisen.

Zum Beispiel die TRBS 3145 (= TRGS 745) „Ortsbewegliche Druckgasbehälter – Füllen, Bereithalten, innerbetriebliche Beförderung, Entleeren“ geben den Stand der Technik, Arbeitsmedizin und Arbeitshygiene sowie sonstige gesicherte arbeitswissenschaftliche Erkenntnisse für die Bereitstellung und Benutzung von Arbeitsmitteln sowie für den Betrieb überwachungsbedürftiger Anlagen bzw. Tätigkeiten mit Gefahrstoffen, einschließlich deren Einstufung und Kennzeichnung, wieder.

3.2.5 Produktsicherheitsgesetz - ProdSG

Das Gesetz über die Bereitstellung von Produkten auf dem Markt – Produktsicherheitsgesetz (ProdSG) ist anzuwenden, wenn im Rahmen einer Geschäftstätigkeit Produkte auf dem Markt bereitgestellt, ausgestellt oder erstmals verwendet werden. Dieses Gesetz gilt auch für die Errichtung und den Betrieb überwachungsbedürftiger Anlagen, die gewerblichen oder wirtschaftlichen Zwecken dienen oder durch die Beschäftigte gefährdet werden können.

Produkt und Verbraucherprodukt

Produkt ist eine Ware, ein Stoff oder ein Gemisch, das durch einen Fertigungsprozess hergestellt worden ist, z. B. Maschinen, Geräte und Arbeitseinrichtungen – von der Handbohrmaschine über Flurförderzeuge bis hin zur komplexen Produktionslinie – für den gewerblichen und privaten Gebrauch.

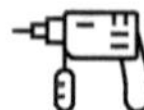

Verbraucherprodukt ist ein neues, gebrauchtes oder wiederaufgearbeitetes Produkt, das für Verbraucherinnen und Verbraucher bestimmt ist oder unter Bedingungen, die nach vernünftigem Ermessen vorhersehbar sind, von Verbraucherinnen und Verbrauchern verwendet werden kann, selbst wenn es nicht für diese bestimmt ist; als Verbraucherprodukt gilt auch ein Produkt, das der Verbraucherin oder dem Verbraucher im Rahmen einer Dienstleistung zur Verfügung gestellt wird, z. B. Haushaltsgeräte, Sportgeräte, Spielzeug. Diese dürfen in den Mitgliedstaaten der Europäischen Union (EU) nur auf den Markt gebracht oder ausgestellt werden, wenn sie den Anforderungen des ProdSG entsprechen.

Dies bedeutet, dass sie den in den Verordnungen zum ProdSG enthaltenen sicherheitstechnischen Anforderungen und sonstigen Voraussetzungen – einschließlich dem Schutz vor Bränden und Explosionen – entsprechen müssen und bei bestimmungsgemäßer Verwendung Leben, Gesundheit und sonstige aufgeführte Rechtsgüter der Benutzer oder Dritter nicht gefährden dürfen.

Verordnungen zum ProdSG

Rechtsverordnungen zum Produktsicherheitsgesetz (ProdSV) regeln die Anforderungen an die Gewährleistung von Sicherheit und Gesundheit, Anforderungen zum Schutz sonstiger Rechtsgüter und sonstige Voraussetzungen des Ausstellens, Inverkehrbringens oder der Inbetriebnahme, insbesondere Prüfungen, Produktionsüberwachungen oder Bescheinigungen sowie Anforderungen an die Kennzeichnung, Aufbewahrungs- und Mitteilungspflichten und die damit zusammenhängenden Maßnahmen.

Beispiele:

Erste Verordnung zum Produktsicherheitsgesetz
Verordnung über das Inverkehrbringen **elektrischer Betriebsmittel** zur Verwendung innerhalb bestimmter Spannungsgrenzen – 1. ProdSV

Elfte Verordnung zum Produktsicherheitsgesetz
Explosionsschutzverordnung – 11. ProdSV

3.2.6 Arbeitssicherheitsgesetz – ASiG

Das Gesetz über Betriebsärzte, Sicherheitsingenieure und andere Fachkräfte für Arbeitssicherheit – Arbeitssicherheitsgesetz (ASiG) verpflichtet die Arbeitgeber in den Betrieben eine eigene Arbeitsschutzorganisation aufzubauen.

Arbeitgeber müssen hierzu z. B. Betriebsärzte, und Fachkräfte für Arbeitssicherheit bestellen sowie einen Arbeitsschutzausschuss (ASA) einrichten.

Ausschlaggebend für den Aufbau dieser Arbeitsschutzorganisation ist die Komplexität des Betriebes. Dies wiederum zwingt den Arbeitgeber in seinem Unternehmen weiteres fachkundiges Personal (z. B. Befähigte Personen, Brandschutzbeauftragte, Brandschutzhelfer, Sicherheitsbeauftragte, Ersthelfer, Evakuierungshelfer) für die Beratung und Unterstützung im Arbeits- und Gesundheitsschutz, einschließlich Brand- und Explosionsschutz, einzusetzen.

Die alleinige Verantwortung des Arbeitgebers für die Umsetzung der Arbeits- und Gesundheitsschutzvorschriften bleibt davon unberührt.

3.2.7 Muster-Verkaufsstättenverordnung – MVKVO

Die Muster-Verkaufsstättenverordnung (MVKVO) verpflichtet Bauherr(inn)en bzw. Betreiber(innen), die erforderlichen brandschutztechnischen und sicherheitsrelevanten Anlagen und Einrichtungen in Gebäuden prüfen zu lassen. Diese Anlagen und Einrichtungen sind insbesondere in Sonderbauten, z. B. Hochhäuser, Verkaufsstätten, Versammlungsstätten, Beherbergungsstätten, Krankenhäusern und Schulen vorhanden. Aber auch in Garagen mit einer Nutzfläche über 100 m² und in Industriebauten, die nach der Muster-Industriebau-Richtlinie (MIndBauRL) beurteilt werden, sind o. g. Prüfungen durchzuführen.

Sicherheitsrelevante Anlagen und Einrichtungen können auch in sonstigen Gebäuden vorhanden sein, wenn sie aufgrund der Zulassung einer Abweichung bauordnungsrechtlich erforderlich sind. Bei Lüftungsanlagen in innenliegenden Treppenräumen, die z. B. nach den seinerzeit geltenden Landesvorschriften errichtet worden sind, handelt es sich ebenfalls um sicherheitsrelevante Anlagen, die zu prüfen sind.

Vorschriften der Bauordnungen und MVKVO gelten für jede Verkaufsstätte, deren Verkaufsräume und Ladenstraßen einschließlich ihrer Bauteile eine Fläche von insgesamt mehr als 2.000 m² haben.

Brandschutz

Die MVKVO sowie die MIndBauRL fordern unter bestimmten Voraussetzungen die Bestellung von Brandschutzbeauftragten. Darüber hinaus kann es auch in anderen Bereichen sinnvoll sein, zur Unterstützung des Unternehmers/Betreibers einen Brandschutzbeauftragten zu bestellen.

Der Betreiber einer Verkaufsstätte hat im Einvernehmen mit der für den Brandschutz zuständigen Behörde eine Brandschutzordnung aufzustellen und diese durch Aushang bekannt zu machen.

In der Brandschutzordnung (siehe auch 6.2) sind insbesondere die Aufgaben des Brandschutzbeauftragten und der Selbsthilfekräfte für den Brandschutz sowie die Maßnahmen festzulegen, die z. B. zur Rettung Leistungsgewandelter – insbesondere Rollstuhlbenutzer und Nichtsehende – erforderlich sind.

Zur Rechtsvereinfachung wurde in einzelnen Bundesländern die Vorschriften der MVKVO in andere Landesgesetze überführt oder mit diesen zusammengeführt (so z. B. in Berlin die „Verordnung über den Betrieb von baulichen Anlagen" – Betriebs-Verordnung (BetrVO) vom 10.05.2019). Schutzziele zum Brand- und Explosionsschutz wurden hiervon aber nicht berührt.

3.2.8 Muster-Industriebau-Richtlinie – MIndBauRL

Die Muster-Industriebau-Richtlinie (MIndBauRL), Stand Mai 2019 regelt die Mindestanforderungen an den Brandschutz von Industriebauten.

Dabei handelt es sich im Wesentlichen um Mindestanforderungen an

- die Feuerwiderstandsfähigkeit der Bauteile,
- das Brandverhalten der Baustoffe,

- die Größe der Brandabschnitte bzw. Brandbekämpfungsabschnitte,
- die Rettung von Menschen,
- die Anordnung, Lage und Länge der Rettungswege sowie
- wirksame Löscharbeiten.

Folgende Begriffe werden in der MIndBauRL definiert:

- Industriebauten
- Brandabschnitt
- Brandabschnittsfläche
- Brandbekämpfungsabschnitt
- Grundfläche des Brandbekämpfungsabschnitts
- Brandbekämpfungsabschnittsfläche
- Geschoss, oberirdische Geschosse, Kellergeschosse
- Ebene
- Einbauten
- Eingeschossige Industriebauten
- Brandsicherheitsklassen
- Sicherheitskategorien
- Werkfeuerwehr

Industriebauten

Industriebauten sind Gebäude oder Gebäudeteile im Bereich der Industrie und des Gewerbes, die der Produktion (Herstellung, Behandlung, Verwertung, Verteilung) oder Lagerung von Produkten oder Gütern dienen, aber ebenso Bürogebäude sowie alle weiteren Bauwerke, die für die Nutzung der gesamten Anlage erforderlich sind.

3.3 Vorschriften der Unfallversicherungsträger

Unfallverhütungsvorschriften

Das Siebte Buch Sozialgesetz (SGB VII) „Gesetzliche Unfallversicherung" verpflichtet die Träger der gesetzlichen Unfallversicherung, Unfallverhütungsvorschriften als autonomes Satzungsrecht für die jeweiligen Mitgliedsbetriebe zu erlassen, worin z.B. auch der innerbetriebliche Brand- und Explosionsschutz geregelt wird.

In diesem Zusammenhang werden von den Unfallversicherungsträgern (UVT), z.B. mit berufsgenossenschaftlichen Informationen (DGUV Informationen) Hinweise und Empfehlungen gegeben, die eine praktische Umsetzung der Vorschriften zum Arbeits- und Gesundheitsschutz bzw. Brand- und Explosionsschutz erleichtern sollen.

3.3.1 „Grundsätze der Prävention" – DGUV Vorschrift 1

Die Unfallverhütungsvorschrift „Grundsätze der Prävention" – DGUV Vorschrift 1 ist die Grundlagenvorschrift für die berufsgenossenschaftliche Prävention. Sie enthält die wesentlichen Bestimmungen über die Organisation des Arbeitsschutzes und über die im Betrieb zu treffenden Präventionsmaßnahmen. Eine Konkretisierung dieser Basisvorschrift erfolgt bedarfsorientiert in speziellen Unfallverhütungsvorschriften, im DGUV-Regelwerk (DGUV Regeln, DGUV Informationen, DGUV Grundsätze) und in sonstigen Schriften.

Verzahnung mit staatlichem Arbeitsschutzrecht

Kernelement der Grundlagenvorschrift DGUV Vorschrift 1 ist die hiermit zentral vorgenommene Verzahnung von berufsgenossenschaftlichem Satzungsrecht mit dem staatlichen Arbeitsschutzrecht. Diese Verzahnung erfolgt mit § 2 Abs. 1, der die Arbeitgeber verpflichtet, bei den Maßnahmen zur Prävention sowohl Unfallverhütungsvorschriften als auch staatliche Arbeitsschutzvorschriften zu beachten.

Brandschutz

Mit dieser Vorschrift werden Notfallmaßnahmen als zentraler Bestandteil der Betriebsorganisation im berufsgenossenschaftlichen Satzungsrecht verankert.

Der Arbeitgeber hat entsprechend § 10 ArbSchG die Maßnahmen zu planen, zu treffen und zu überwachen, die insbesondere für den Fall des Entstehens von Bränden, von Explosionen, des unkontrollierten Austretens von Stoffen und von sonstigen gefährlichen Störungen des Betriebsablaufs geboten sind.

Der Arbeitgeber hat eine ausreichende Anzahl von Beschäftigten (mind. 5%) durch Unterweisung und Übung im Umgang mit Feuerlöscheinrichtungen zur Bekämpfung von Entstehungsbränden vertraut zu machen.

Die DGUV Vorschrift 1 enthält mit der Forderung nach Unterweisung und Übung im Umgang mit Feuerlöscheinrichtungen eine Bestimmung, die sogar über das staatliche Arbeitsschutzrecht hinausgeht.

DGUV Regel 100-001

Die DGUV Regel 100-001 konkretisiert und erläutert die Unfallverhütungsvorschrift „Grundsätze der Prävention".

Im vierten Kapitel werden Arbeitgeber verpflichtet, den innerbetrieblichen Arbeitsschutz, einschließlich Brandschutz und Notfallmaßnahmen zu organisieren.

Hier gibt die DGUV Regel 100-001 den Hinweis, dass z.B. die Aufstellung

- eines Alarmplanes,
- eines Flucht- und Rettungsplanes,
- einer Brandschutzordnung

zu den erforderlichen Notfallmaßnahmen gehört.

3.3.2 Betriebsärzte und Fachkräfte für Arbeitssicherheit – DGUV Vorschrift 2

Die Unfallverhütungsvorschrift „Betriebsärzte und Fachkräfte für Arbeitssicherheit" – DGUV Vorschrift 2 bestimmt näher die Maßnahmen, die Arbeitgeber zur Erfüllung der sich aus dem Gesetz über Betriebsärzte, Sicherheitsingenieure und andere Fachkräfte für Arbeitssicherheit (Arbeitssicherheitsgesetz – ASiG) ergebenden Pflichten zu treffen haben.

Arbeitgeber haben Betriebsärzte (BA) und Fachkräfte für Arbeitssicherheit (Sifa) zur Wahrnehmung der in den §§ 3 und 6 des ASiG bezeichneten Aufgaben schriftlich nach Maßgabe der in dieser Unfallverhütungsvorschrift festgelegten Bestimmungen zu bestellen.

Dort, wo vom Gesetzgeber kein Brandschutzbeauftragter (BSB) vorgeschrieben ist und der Arbeitgeber im Rahmen der Gefährdungsbeurteilung keinen entsprechenden Bedarf festgestellt hat, muss die Beratungs- und Unterstützungsleistung in Bezug auf Brand- und Explosionsschutz dann von der Sifa erfüllt werden.

3.3.3 Elektrische Anlagen und Betriebsmittel – DGUV Vorschrift 3

Elektrische Anlagen und Betriebsmittel dürfen nur in ordnungsgemäßem Zustand in Betrieb genommen werden und müssen in diesem Zustand erhalten werden. Zur Erhaltung des ordnungsgemäßen Zustandes sind elektrische Anlagen und Betriebsmittel in regelmäßigen Abständen zu prüfen.

Elektrische Anlagen und Betriebsmittel können in ihrer Funktion und Sicherheit durch Umgebungseinwirkungen (z.B. Staub, Feuchtigkeit, Wärme, mechanische Beanspruchung) nachteilig beeinflusst werden. Daher sind sowohl die einzelnen Betriebsmittel als auch die gesamte Anlage so auszuwählen und zu gestalten, dass ein ausreichender Schutz gegen diese Einwirkungen über die üblicherweise zu erwartende Lebensdauer gewährleistet ist. Hierzu zählen unter anderem die Wahl der Schutzart, der Schutzklasse, der Isolationsklasse sowie der Kriech- und Luftstrecken. Bei der Wahl sind in jedem Fall die speziellen Einsatzbedingungen zu berücksichtigen, z.B. auf Baustellen oder in aggressiver Umgebung.

Arbeitgeber haben dafür zu sorgen, dass elektrische Anlagen und Betriebsmittel nur von einer Elektrofachkraft (siehe auch die Hinweise in der TRBS 1203 und der VDE 1000-10) oder unter Leitung und Aufsicht einer Elektrofachkraft den elektronischen Regeln entsprechend errichtet, geändert und instandgehalten werden. Arbeitgeber haben ferner dafür zu sorgen, dass die elektrischen Anlagen und Betriebsmittel den elektrotechnischen Regeln entsprechend betrieben werden.

Wird bei einer elektrischen Anlage oder einem elektrischen Betriebsmittel ein Mangel festgestellt, d.h. entsprechen sie nicht oder nicht mehr den elektrotechnischen Regeln, so haben Arbeitgeber dafür zu sorgen, dass dieser Mangel unverzüglich behoben wird und, falls bis dahin eine dringende Gefahr besteht, dafür zu sorgen, dass die elektrische Anlage oder das elektrische Betriebsmittel im mangelhaften Zustand nicht verwendet wird.

3.3.4 Betreiben von Arbeitsmitteln – DGUV Regel 100-500

Die Berufsgenossenschaftliche Regel für Sicherheit und Gesundheit bei der Arbeit (BG-Regeln) „Betreiben von Arbeitsmitteln" – DGUV Regel 100-500 ist eine Zusammenstellung bzw. Konkretisierungen von Inhalten z.B. aus

- staatlichen Arbeitsschutzvorschriften (Gesetze, Verordnungen),
- DGUV Vorschriften (Unfallverhütungsvorschriften),
- technischen Spezifikationen und/oder
- den Erfahrungen berufsgenossenschaftlicher Präventionsarbeit.

Diese DGUV Regel richtet sich in erster Linie an Arbeitgeber und soll Hilfestellung bei der Umsetzung der Pflichten aus staatlichen Arbeitsschutzvorschriften oder Unfallverhütungsvorschriften geben sowie Wege aufzeigen, wie Arbeitsunfälle, Berufskrankheiten und arbeitsbedingte Gesundheitsgefahren vermieden werden können.

Arbeitgeber können bei Einhaltung der in der DGUV Regel enthaltenen Empfehlungen davon ausgehen, dass sie die in Unfallverhütungsvorschriften geforderten Schutzziele erreichen. Weitere Lösungen sind möglich, wenn Sicherheit und Gesundheitsschutz in gleicher Weise gewährleistet sind. Sind zur Konkretisierung staatlicher Arbeitsschutzvorschriften von den dafür eingerichteten Ausschüssen technische Regeln ermittelt worden, sind diese vorrangig zu beachten.

Somit sind neben den Festlegungen dieser DGUV Regel zum Brand- und Explosionsschutz auch die Bestimmungen der Betriebssicherheitsverordnung zu beachten.

Beispiele aus der DGUV Regel 100-500

Bereiche mit Brandgefahr sind Bereiche, in denen Stoffe oder Gegenstände vorhanden sind, die sich bei Arbeiten in Brand setzen lassen. Solche Stoffe oder Gegenstände sind z.B. Staubablagerungen, Papier, Pappe, Packmaterial, Textilien, Faserstoffe, Isolierstoffe, Kunststoffe, Holzwolle, Spanplatten, Holzteile, bei längerer Wärmeeinwirkung auch Holzbalken – auch wenn sie Bestandteil eines Gebäudes (Wände, Fußböden, Decken) sind.

Bereiche mit Explosionsgefahr sind Bereiche, in denen eine gefährliche explosionsfähige Atmosphäre auftreten kann, z.B. durch brennbare Gase, Flüssigkeiten oder Stäube.

Eine **explosionsfähige Atmosphäre** kann auch durch Anlagen- und Ausrüstungsteile sowie Rohrleitungsverbindungen entstehen, wenn deren technische Dichtheit nicht auf Dauer gewährleistet ist. Eine explosionsfähige Atmosphäre kann ebenso aus benachbarten Bereichen herrühren.

3.3.5 Explosionsschutz-Regeln (EX-RL) – DGUV Regel 113-001

Die berufsgenossenschaftlichen Explosionsschutz-Regeln (EX-RL) – DGUV Regel 113-001 stellen in der heutigen Fassung eine Sammlung aller explosionsschutzrelevanten technischen Regeln zum Explosionsschutz für die Betreiber (Arbeitgeber, Unternehmer) dar. Sie enthalten auch die weltweit umfangreichste Beispielsammlung zur Einteilung explosionsgefährdeter Bereiche in Zonen und eine ständig aktualisierte Liste funktionsgeprüfter Gaswarngeräte.

Zeitliche Entwicklung der EX-RL

1950er und 1960er-Jahre
Richtlinien für elektrische Anlagen in explosionsgefährdeten Betriebsstätten mit Bespielsammlung

↓

Ab 1973
Richtlinien für die Vermeidung der Gefahren durch explosionsfähige Atmosphäre mit Beispielsammlung
– Explosionsschutz-Richtlinien (EX-RL) –

↓

Bis 2000 ständige Aktualisierung durch 16 Ergänzungslieferungen

↓

Ab 07/2000 Explosionsschutz-Regeln (komplette Überarbeitung) mit 28 Ergänzungslieferungen
(letzte Ergänzungslieferung 08/2021)

3.4 Urteile

Zu den wesentlichen Brandschutz-Pflichten sind von den deutschen Gerichten medienwirksam nur sehr wenig Urteile oder entsprechende Beschlüsse veröffentlicht worden.

Aber:

„Es entspricht der Lebenserfahrung, dass mit der Entstehung eines Brandes praktisch jederzeit gerechnet werden muss. Der Umstand, dass in vielen Gebäuden jahrzehntelang kein Brand ausbricht, beweist nicht, dass keine Gefahr besteht, sondern stellt für die Betroffenen einen Glücksfall dar, mit dessen Ende jederzeit gerechnet werden muss."

(s. OVG-Urteil Münster, Az. 10A 363/86 vom 11. Dezember 1987)

Und es gibt auch sehr oft Hinweise, dass beim Missachten der Auflagen der Baubehörden zum Brandschutz, die Sachversicherer ganz oder teilweise von ihren Leistungspflichten entbunden werden.

(z.B. BGH-Urteil, Az. IV ZR 91/01 vom 17. April 2002)

Ein weiteres Gericht verpflichtet auch den Eigentümer eines Einfamilienhauses, für freie Flucht- und Rettungswege zu sorgen.

(z.B. VerwG-Beschluss Arnsberg, Az. 3 L 547/08 vom 21. August 2008)

4 Verantwortliche im Betrieb

Der Arbeitgeber ist für die Verhütung von Arbeitsunfällen, Berufskrankheiten und für die Vermeidung arbeitsbedingter Gesundheitsgefahren verantwortlich!

Unter „Verantwortung" versteht man

- im Normalfall die aus den Aufgaben erwachsenden Pflichten zu erfüllen und
- im Ernstfall für Misserfolg die nachteiligen Konsequenzen zu tragen, also im Regelfall auch zu haften.

Die Verpflichtung des Arbeitgebers zur Sicherheit und zur Gesunderhaltung der Beschäftigten bei der Arbeit ist unter anderem im Bürgerlichen Gesetzbuch (BGB), Handelsgesetzbuch (HGB), ArbSchG als auch in verschiedenen Unfallverhütungsvorschriften und/oder Verwaltungsvorschriften geregelt.

Da häufig der Arbeitgeber die Verantwortung vor Ort selbst nicht wahrnehmen kann, ist es möglich, diese auf geeignete Beschäftigte zu übertragen. Diese übernehmen damit Aufgaben, Pflichten und Verantwortlichkeiten des Arbeitgebers.

Trotz der Übertragung der Arbeitgeberpflichten, gemäß § 13 (2) ArbSchG oder § 13 DGUV Vorschrift 1, verbleibt beim Arbeitgeber die Gesamtverantwortung in Form von

- Organisationsverantwortung,
- Auswahlverantwortung und
- Aufsichtsverantwortung.

Organisationsverantwortung

Zur Gewährleistung von Sicherheit im Betrieb und auf Baustellen hat der Arbeitgeber geeignete Maßnahmen zu treffen. Dies beinhaltet eindeutige Regelungen zur Unter- und Überstellung von Beschäftigten, Zuordnung von Kompetenzen und Arbeitsbereichen, Erstellen von Anweisungen und Notfallplänen.

Vorsorgen, damit nichts passiert!

Auswahlverantwortung

Die fachliche und persönliche Qualifikation der Beschäftigten, wie Erfahrung und körperliche Eignung, müssen für den beabsichtigten Einsatz berücksichtigt werden. Dabei hat sich der Vorgesetzte vom Kenntnisstand der Beschäftigten, z.B. im Umgang mit Arbeitsmitteln, zu überzeugen. Ausbildungsnachweise gehören als Kopie in die Personalakten. Dies gilt auch für Kfz-Führerscheine, sofern die Beschäftigten mit dem Führen von Kraftfahrzeugen im Straßenverkehr beauftragt sind.

Die richtige Person – am richtigen Platz einsetzen!

Aufsichtsverantwortung

Zur Aufsichtsverantwortung und damit zur Aufsichtspflicht gehört, sich zu vergewissern, dass die erteilten Anweisungen und getroffenen Regelungen eingehalten werden. Dies gilt im besonderen Maß beim Einsatz von Leiharbeitnehmern und neuen Mitarbeitern. Dazu sind z.B. auf Baustellen stichprobenartig Kontrollen durchzuführen. Absehbare kritische Phasen im Baufortschritt verlangen eine besonders intensive Aufsicht.

Vertrauen ist gut – Kontrolle ist besser!

Führungskräfte

Die Übertragung von Arbeitgeberpflichten ist mit den geistigen und körperlichen Fähigkeiten der beauftragten Beschäftigten verknüpft. Die Führungskraft, die Verantwortung übernimmt, verfügt über ausreichende Kenntnisse und notwendige Erfahrungen für die Beurteilung möglicher kritischer Situationen.

Um aber die erforderlichen Entscheidungen selbstständig zu treffen und notwendige Maßnahmen zu veranlassen, benötigt sie Befugnisse. Werden Organisationspflichten übernommen, sind entsprechende unternehmerische Dispositions- und Entscheidungsbefugnisse zu übertragen. Zum schnellen und wirksamen Handeln müssen der Führungskraft dazu sachliche und finanzielle Mittel zur freien Verfügung stehen.

4.2 Führungskräfte

Mit dem Auftrag, den Betrieb ganz oder zum Teil zu leiten, übernehmen Führungskräfte (Vorgesetzte) im Rahmen ihrer Befugnisse auch die Pflicht des Arbeitgebers, für Sicherheit und Gesundheitsschutz der Beschäftigten zu sorgen. Die Weisungs- und Entscheidungsbefugnisse der einzelnen Führungskräfte und anderen Beschäftigten sind eindeutig festgelegt – z. B. im Arbeitsvertrag und/oder in der Stellenbeschreibung. Das gilt speziell auch für die Führungskräfte und Personen, die per Pflichtenübertragung ausdrücklich beauftragt sind, die Pflichten des Arbeitgebers zu erfüllen.

Haben Arbeitgeber ihre Pflichten auf Führungskräfte übertragen, sind diese verpflichtet, die für Sicherheit und Gesundheitsschutz erforderlichen Anordnungen und Maßnahmen im Rahmen ihrer Zuständigkeit und der ihnen übertragenen Befugnisse zu treffen. Sie haben dafür zu sorgen, dass die ihnen unterstellten Beschäftigten diese Anordnungen und Maßnahmen befolgen. Bezüglich der Erfüllung der übertragenen Pflichten und der Folgen nicht ordnungsgemäßer Erfüllung steht die zuständige Führungskraft dem Arbeitgeber (auch strafrechtlich) gleich.

Zu den erforderlichen Anordnungen und Maßnahmen gehören insbesondere:

- Erfüllung aller Anforderungen aus den staatlichen und berufsgenossenschaftlichen Vorschriften (Vorbildcharakter),
- Beseitigung sicherheitswidriger Zustände,
- Unterweisung der Beschäftigten,
- Motivation zum sicherheitsgerechten Verhalten,
- Belehrung über Fehlverhalten,
- Wirksamkeitskontrollen von technischen und organisatorischen Schutzmaßnahmen und
- ggf. Einstellen der Arbeit.

Darüber hinaus haben Führungskräfte die Einhaltung der Anordnungen und Maßnahmen durch die ihnen unterstellten Mitarbeiter zu kontrollieren. Häufigkeit und Intensität ergeben sich aus dem Einzelfall und hängen insbesondere ab von

- der Wahrscheinlichkeit des Eintritts und dem Ausmaß der zu erwartenden Auswirkungen eines sicherheitswidrigen Zustandes bzw. Unfalls/Erkrankung,
- der Zuverlässigkeit und Erfahrung von Mitarbeitern,
- dem Rang der getroffenen Schutzmaßnahmen (zwangsläufig/willensabhängig).

Soweit Maßnahmen zu treffen sind, die über die Befugnisse der betreffenden Führungskraft hinausgehen, hat sie – ebenso wie jeder Beschäftigte ohne Vorgesetzteneigenschaft – insbesondere die Meldung an den Arbeitgeber und vorläufige Sicherungsmaßnahmen zu veranlassen.

4.3 Beschäftigte

Beschäftigte sind verpflichtet, aktiv an den betrieblichen Arbeitsschutzmaßnahmen, einschließlich Brand- und Explosionsschutz, mitzuwirken.

Hierbei müssen die Beschäftigten

- die Anweisungen des Arbeitgebers oder der Führungskräfte einhalten und sich entsprechend der Unterweisung verhalten,
- die Arbeitsmittel, Geräte und Maschinen sowie die persönliche Schutzausrüstung bestimmungsgemäß benutzen,
- den Arbeitgeber oder die zuständige Führungskraft unverzüglich über jedes Auftreten einer unmittelbaren Gefahr für Sicherheit und Gesundheit benachrichtigen sowie jeden Defekt oder Fehler, den sie an Schutzeinrichtungen feststellen, mitteilen,
- den Arbeitgeber dabei unterstützen, dass der Betrieb die gesetzlichen Vorschriften, Unfallverhütungsvorschriften, behördlichen Auflagen und die Empfehlungen der Arbeitsschutzexperten erfüllt und
- Verbesserungsvorschläge zum Arbeits- und Gesundheitsschutz, einschließlich Brand- und Explosionsschutz machen.

5 Akteure des Brandschutzes im Betrieb

Die für den Brandschutz zuständigen Personen können sein:

- Arbeitgeber/Unternehmer/Behörden- und Dienststellenleiter,
- Führungskräfte und beauftragte Personen,
- Beschäftigte,
- Brandschutzbeauftragte,
- Fachkraft für Arbeitssicherheit (mit Zusatzqualifikation),
- Brandschutzhelfer/Brandschutzpersonal,
- Evakuierungshelfer,
- Ersthelfer,
- Sicherheitsbeauftragte,
- Interessenvertretungen (z.B. Betriebs- oder Personalrat, Schwerbehindertenvertretung),
- Beauftragter für Fremdfirmen und Externe,
- Vertreter der Feuerwehr, Aufsichtsbehörden oder Sachversicherer

und andere.

5.1 Brandschutzbeauftragte

Brandschutzbeauftragte werden vom Arbeitgeber unter Berücksichtigung des Betriebsverfassungsgesetzes bzw. der Personalvertretungsgesetze schriftlich benannt/bestellt. In dieser Bestellung sind der Zuständigkeitsbereich, die Aufgaben sowie die Rahmenbedingungen zu definieren und festzulegen.

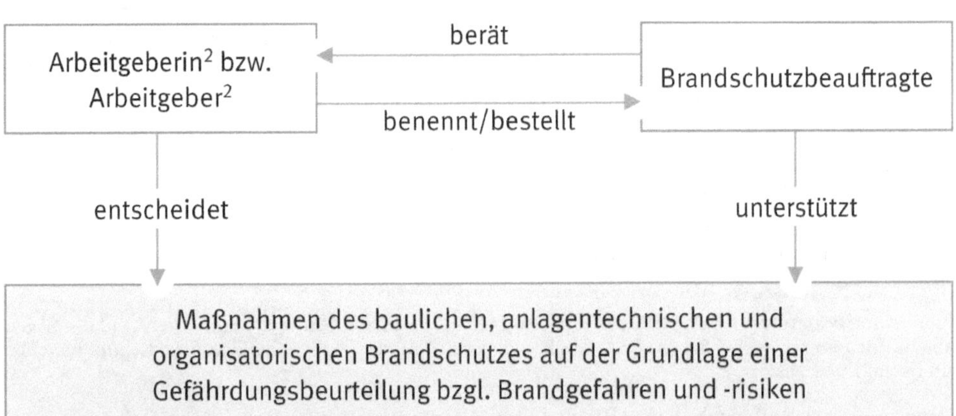

[2] Im folgenden Unternehmer bzw. Unternehmerin genannt

Brandschutzbeauftragte beraten und unterstützen die Brandschutzverantwortlichen bei ihrer Aufgabenwahrnehmung. Sie sind zentraler Ansprechpartner für alle Brandschutzfragen. Dabei stehen sie als sogenannte Stabsstelle direkt dem Arbeitgeber beratend zur Seite. Sie sind in der Regel keine Linienvorgesetzten und auch nicht weisungsbefugt. Als Mitglied der bestehenden Sicherheitsorganisation (Arbeitsschutzorganisation) arbeiten Brandschutzbeauftragte eng mit den Experten des Arbeits- und Gesundheitsschutzes und mit der Leitung (Führung) des Betriebes zusammen. Sie sind Teil des Arbeitsschutzausschusses (ASA).

Erfordernis Brandschutzbeauftragte

Insbesondere werden Brandschutzbeauftragte gemäß Musterbauordnung (MBO) und im Bauordnungsrecht der Länder sowie in der Muster-Industriebau-Richtlinie z.B. für folgende Sonderbauten gefordert:

- Industriebauten,
- Versammlungsstätten,
- Krankenhäuser,
- Verkaufsstätten,
- Hochhäuser.

Neben den gesetzlichen Forderungen, die eine Bestellung eines Brandschutzbeauftragten vorschreiben, gibt es z.B. auch vertragliche Verpflichtungen der Sachversicherer.

Unabhängig von den o. g. Vorschriften kann aber auch die Gefährdungsbeurteilung nach ArbStättV, unter Berücksichtigung der Technischen Regel ASR A2.2, ergeben, dass aufgrund der festgestellten Brandgefährdung ein Brandschutzbeauftragter zu bestellen ist.

Brandschutzbeauftragte(r) im Betrieb

Name:	
Erreichbarkeit:	

5.1.1 Aufgaben und Pflichten

Als Experte für alle Bereiche des betrieblichen Brandschutzes sind Brandschutzbeauftragte dem Arbeitgeber gegenüber verantwortlich und daher auch direkt unterstellt. Typische Aufgaben der Brandschutzbeauftragten sind beispielsweise das Aufstellen bzw. Aktualisieren der Brandschutzordnung, die Überwachung der Instandhaltung brandschutztechnischer Einrichtungen im Betrieb und die Unterstützung bei der Beseitigung von brandschutztechnischen Mängeln.

Beratung und Unterstützung

Brandschutzbeauftragte haben die Aufgabe, die Verantwortlichen des Betriebes (Betriebsleiter, Behördenleiter, Führungskräfte und beauftragte Personen o.Ä.) in allen Fragen des vorbeugenden, organisatorischen und abwehrenden Brandschutzes zu **beraten** und zu **unterstützen**.

Brandschutzbeauftragte sollen Gefahren frühzeitig erkennen, richtig beurteilen und gegebenenfalls Gegenmaßnahmen vorschlagen können. Bei allen betrieblichen Entscheidungen, die den Brandschutz betreffen, sind sie hinzuzuziehen.

Insbesondere bei der **Beratung** hinsichtlich des vorbeugenden Brandschutzes z.B. bei der:

- Planung, Ausführung und Unterhaltung von Betriebsanlagen,
- Beschaffung technischer Arbeitsmittel,
- Einführung neuer Technologien,
- Prüfung und Instandhaltung von Brandschutz-Einrichtungen,
- Gestaltung von Arbeitsverfahren und den Einsatz von Arbeitsstoffen (Gefahrstoffen),
- Ermittlung von Brand- und Explosionsgefahren,
- Erstellung eines Brandschutzkonzeptes,
- dem Aufstellen des Brandschutzplanes, z.B. Brandalarmplan, Flucht- und Rettungsplan,
- Planung und Durchführung von Brandschutz- und Gefahrenabwehrübungen sowie Evakuierungsübungen,
- Anweisung und Überwachung der Beseitigung brandschutztechnischer Mängel.

Prüfung und Überwachung der Betriebe

Festlegung von Regelungen zur Überwachung von Schweiß-, Feuerarbeiten oder ähnlichen Tätigkeiten und gegebenenfalls auch das Einrichten von Brandsicherheitswachen.

Überwachung der vorbeugenden Brandschutzmaßnahmen bei bestehenden Anlagen und Arbeitsverfahren, z.B. in Produktionsbetrieben und Lagern mit erhöhter Brand- oder Explosionsgefahr.

Überwachen der Einhaltung von Prüfungs- und Wartungsintervallen für brandschutztechnische und sicherheitsrelevante Einrichtungen nach technischen Regelwerken, öffentlich-rechtlichen und versicherungsrechtlichen Vorschriften.

Durchführung von Brandschauen und Sichtprüfungen für brandschutztechnische und sicherheitsrelevante Einrichtungen, auch außerhalb der üblichen Prüf- und Wartungsintervalle.

Schulung und Weiterbildung

Brandschutzbeauftragte unterstützen den Arbeitgeber bei der Schulung, Aus- und Weiterbildung von Beschäftigten, z.B. Brandschutzhelfer, Brandschutzpersonal, Evakuierungshelfer, unterwiesene Personen. Auch bei der Ausbildung von Mitarbeitern im Umgang mit Feuerlöschern und Feuerlöscheinrichtungen.

Kontakte zu Externen

Zu den Aufgaben der Brandschutzbeauftragten gehört es, Kontakte zur Aufsichtsbehörde, zur Feuerwehr, zum Unfallversicherungsträger und dem Sachversicherer zu unterhalten. Dabei muss er mit dem gegenwärtigen Stand und den kommenden Entwicklungen seines Betriebes, der Gerätetechnik und der Brandschutztechnik vertraut sein.

Darüber hinaus sollte er im Einsatzfalle der öffentlichen Feuerwehr fachkundig Auskunft geben können, insbesondere zu baulichen Besonderheiten und besonderen Gefahrenbereichen. Er sollte mit der zuständigen Feuerwehr Begehungen der Gefahrenbereiche durchführen und über technische und organisatorische Einrichtungen informieren, die für die Gefahrenabwehr zur Verfügung stehen.

Verantwortung

Wichtig für die Aufgabenwahrnehmung der Brandschutzbeauftragten ist, die Verantwortlichen des Betriebes sofort über bestehende Brandschutzmängel zu informieren und ihnen hierzu konkrete Planungs- und Verbesserungsvorschläge zu unterbreiten. Hierbei sind die Interessenvertretungen des Betriebes zu beteiligen.

Sollten Vorschläge von den Verantwortlichen abgelehnt werden, haben Arbeitgeber und Führungskräfte dies bei einem Schadensfall zu verantworten!

5.1.2 Qualifikation und Ausbildung

Zum Brandschutzbeauftragten können nur Personen bestellt werden, die eine abgeschlossenen Berufsausbildung oder Gleichwertiges besitzen und die Ausbildung zum Brandschutzbeauftragten erfolgreich abgeschlossen haben.

Für Betriebe mit erhöhter Brandgefährdung kann darüber hinaus für Brandschutzbeauftragte eine besondere Qualifikation erforderlich sein.

Die DGUV Information 205-003 legt die Mindestanforderungen an die Aufgaben, Qualifikation, Ausbildung und Bestellung von Brandschutzbeauftragten fest und gibt Hilfestellungen für die Umsetzung der Anforderungen einer geeigneten betrieblichen Brandschutzorganisation.

Für qualifizierte Fachkräfte für Arbeitssicherheit wird eine Zusatzausbildung zum Brandschutzbeauftragten als ausreichend angesehen.

Brandschutzbeauftragter – Wer?

Zum Brandschutzbeauftragten können grundsätzlich bestellt werden:

- Personen mit einer abgeschlossenen Ausbildung zum gehobenen und höheren feuerwehrtechnischen Dienst,
- Personen mit einer abgeschlossenen Ausbildung zum mittleren feuerwehrtechnischen Dienst für hauptamtliche Kräfte, wenn die Personen hauptamtlich für den bestellenden Betrieb tätig sind,
- Personen mit abgeschlossenem Hochschul- oder Fachhochschulstudium in der Fachrichtung Brandschutz,
- Fachkräfte für Arbeitssicherheit mit einer Zusatzausbildung zum Brandschutzbeauftragten,
- Personen mit einer Ausbildung zum Brandschutzbeauftragten.

Liegt der Erwerb der Qualifikation zu Brandschutzbeauftragten länger als drei Jahre zurück und kann eine Fortbildung nicht nachgewiesen werden, ist die Teilnahme an einer erneuten Ausbildung erforderlich.

5.2 Fachkraft für Arbeitssicherheit

Als Teil der betriebsinternen Arbeitsschutzorganisation unterstützen und beraten die Fachkräfte für Arbeitssicherheit (Sifa) Arbeitgeber und die Führungskräfte in allen Fragen der Arbeitssicherheit.

In kleineren Betrieben und dort, wo Gesetzgeber oder Unfallversicherungsträger keine anderen Regelungen getroffen haben, können Sifa nach einer z. B. einwöchigen Zusatzqualifikation dann noch zum Brandschutzbeauftragten bestellt werden.

Da die Sifa weisungsfrei in der Anwendung ihrer Fachkunde sind, erwächst ihnen aus dieser Unabhängigkeit Verantwortung dafür, dass Arbeitgeber, Führungskräfte und auch die Beschäftigten sachgerecht und vollständig beraten werden.

Im ASiG und in der Unfallverhütungsvorschrift „Betriebsärzte und Fachkräfte für Arbeitssicherheit“ (DGUV Vorschrift 2) ist geregelt, wie Arbeitgeber die Sifa schriftlich zu bestellen und ihnen die in den Vorschriften genannten Aufgaben zu übertragen haben. Sie sind verpflichtet, dafür zu sorgen, dass die von ihnen bestellte Sifa ihre Aufgaben erfüllen kann. Bei der Erfüllung haben Arbeitgeber sie zu unterstützen, insbesondere sind sie verpflichtet, ihnen, soweit dies zur Erfüllung ihrer Aufgaben erforderlich ist, Hilfspersonal sowie Räume, Einrichtungen, Geräte und Mittel zur Verfügung zu stellen.

Fachkraft für Arbeitssicherheit im Betrieb

Name:	
Erreichbarkeit:	

5.2.1 Aufgaben und Pflichten

Sifa haben die Aufgabe, die Arbeitgeber beim Arbeitsschutz und bei der Unfallverhütung in allen Fragen der Arbeitssicherheit einschließlich der menschengerechten Gestaltung der Arbeit (Ergonomie) zu unterstützen.

Sie haben

1. den Arbeitgeber und die sonst für den Arbeitsschutz und die Unfallverhütung verantwortlichen Personen zu beraten, insbesondere bei
   a) der Planung, Ausführung und Unterhaltung von Betriebsanlagen und von sozialen und sanitären Einrichtungen,
   b) der Beschaffung von technischen Arbeitsmitteln und der Einführung von Arbeitsverfahren und Arbeitsstoffen,
   c) der Auswahl und Erprobung von Körperschutzmitteln,

   d) der Gestaltung der Arbeitsplätze, des Arbeitsablaufs, der Arbeitsumgebung und in sonstigen Fragen der Ergonomie,
   e) der Beurteilung der Arbeitsbedingungen,
2. die Betriebsanlagen und die technischen Arbeitsmittel insbesondere vor der Inbetriebnahme und Arbeitsverfahren insbesondere vor ihrer Einführung sicherheitstechnisch zu überprüfen,
3. die Durchführung des Arbeitsschutzes und der Unfallverhütung zu beobachten und im Zusammenhang damit
   a) die Arbeitsstätten in regelmäßigen Abständen zu begehen und festgestellte Mängel dem Arbeitgeber oder der sonst für den Arbeitsschutz und die Unfallverhütung verantwortlichen Person mitzuteilen, Maßnahmen zur Beseitigung dieser Mängel vorzuschlagen und auf deren Durchführung hinzuwirken,
   b) auf die Benutzung der Körperschutzmittel zu achten,
   c) Ursachen von Arbeitsunfällen zu untersuchen, die Untersuchungsergebnisse zu erfassen und auszuwerten und dem Arbeitgeber Maßnahmen zur Verhütung dieser Arbeitsunfälle vorzuschlagen,
4. darauf hinzuwirken, dass sich alle im Betrieb Beschäftigten den Anforderungen des Arbeitsschutzes und der Unfallverhütung entsprechend verhalten, insbesondere sie über die Unfall- und Gesundheitsgefahren, denen sie bei der Arbeit ausgesetzt sind, sowie über die Einrichtungen und Maßnahmen zur Abwendung dieser Gefahren zu belehren und bei der Schulung der Sicherheitsbeauftragten mitzuwirken.
   (Auszug aus ASiG)

Diese sicherheitstechnische Regelbetreuung besteht aus der Grundbetreuung und dem betriebsspezifischen Teil der Betreuung. Grundbetreuung und betriebsspezifische Betreuung bilden zusammen die Gesamtbetreuung.

Arbeitgeber haben die Aufgaben der Sifa entsprechend den betrieblichen Erfordernissen auf der Grundlage der DGUV Vorschrift 2 und unter Mitwirkung der betrieblichen Interessenvertretungen (z.B. BetrVG, BPersVG, SGB IX) sowie unter Verweis auf § 9 Abs. 3 ASiG zu ermitteln, aufzuteilen und mit ihnen schriftlich zu vereinbaren.

Bei der Bestellung der Sifa zum Brandschutzbeauftragten ist der Aufgabenkatalog entsprechend schriftlich zu erweitern und die Einsatzzeiten sind gemäß dem zusätzlichen Arbeitsaufkommen zu erhöhen.

Zusammenarbeit

Die Betriebsärzte, Sifa und Brandschutzbeauftragte haben bei der Erfüllung ihrer Aufgaben eng zusammenzuarbeiten. Dazu gehört es insbesondere, gemeinsame Betriebsbegehungen vorzunehmen.

Ebenso arbeiten sie bei der Erfüllung ihrer Aufgaben mit den anderen im Betrieb für Angelegenheiten der technischen Sicherheit, des Gesundheits- und des Umweltschutzes beauftragten Personen zusammen. Die Zusammenarbeit bezieht sich zunächst auf die gegenseitige Unterrichtung über Mängel im Betrieb, über Gefahrensituationen, die für die Aufgaben des Partners von Bedeutung sein können. Der Erkennung von Gefahrensituationen, aber auch der Wirksamkeitskontrolle von getroffenen Maßnahmen dienen die gemeinsamen Begehungen. Die Beteiligten können sich sodann gemeinsam mit der Analyse der Gefahren befassen, sich über die bestehenden Sicherheitsgrundsätze und ihre konkrete Anwendung im Betrieb unterrichten.

Eine Plattform für den Austausch ihrer Erfahrungen ist auch der **Arbeitsschutzausschuss (ASA).**

Sifa haben grundsätzlich gegenüber den Beschäftigten keine Weisungsbefugnis, aber haben bei der Erfüllung ihrer Aufgaben mit den Interessenvertretungen zusammenzuarbeiten.

5.2.2 Qualifikation und Ausbildung

Arbeitgeber dürfen als Sifa nur Personen bestellen, die über eine entsprechende Qualifikation und Ausbildung verfügen.

Der Sicherheitsingenieur muss berechtigt sein, die Berufsbezeichnung Ingenieur zu führen und über die zur Erfüllung der ihm übertragenen Aufgaben erforderliche sicherheitstechnische Fachkunde verfügen. Sicherheitstechniker oder -meister müssen ebenso über die zur Erfüllung der ihnen übertragenen Aufgaben erforderliche sicherheitstechnische Fachkunde verfügen.

Die Ausbildung zur Sifa wird heutzutage z.B. bei der Verwaltungsberufsgenossenschaft (VBG) in einer veränderten, modernen Konzeption, die auch digitale Medien und Kommunikationsformen einbindet, durchgeführt.

Zwischen Beginn und Ende dieser Ausbildung liegen etwa 90 Kalenderwochen:

- Drei Seminare à fünf Tage in einer Akademie
- Vier Seminare à drei Tage in einer Akademie
- 35 Tage begleitete selbstorganisierte Lernzeit
- 35 Tage Praktikum im Betrieb
- sechs Lernerfolgskontrollen (LEK)

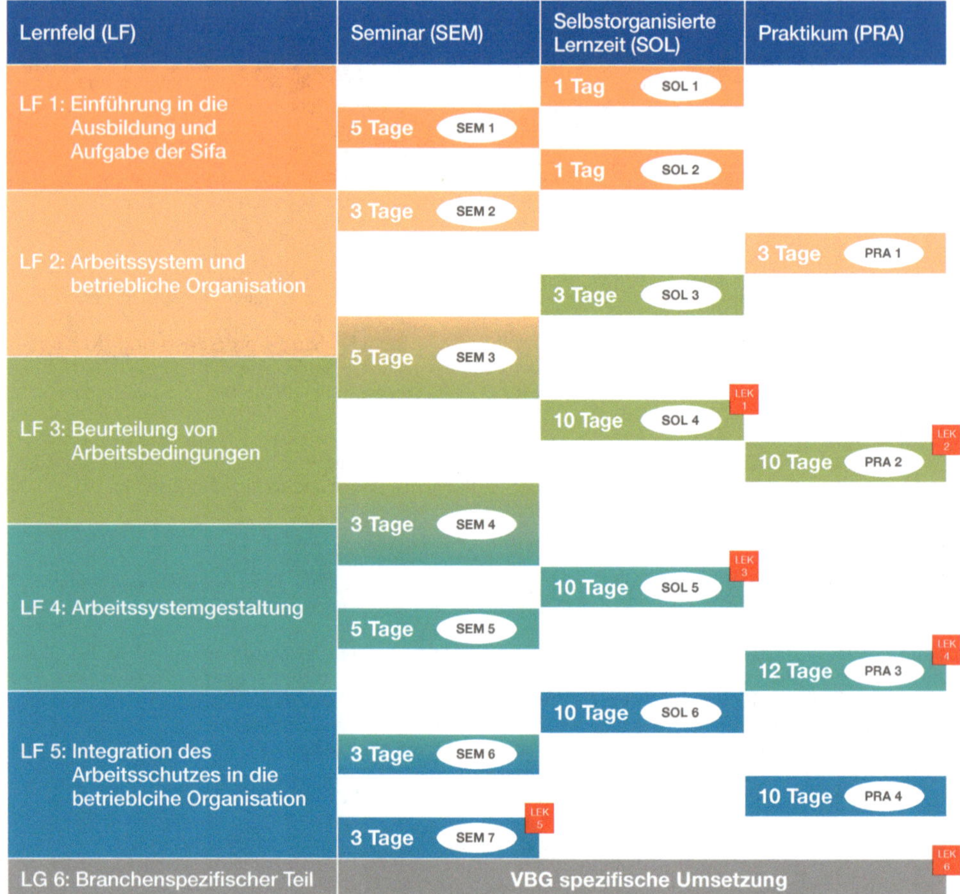

Nach einer Zusatzqualifikation dürfen Sifa auch zum Brandschutzbeauftragten des Betriebes bestellt werden.

5.3 Brandschutzhelfer bzw. Selbsthilfekräfte für den Brandschutz

Um die betriebliche Sicherheit zu erhöhen und Personen- und Sachschäden zu vermeiden oder so gering wie möglich zu halten, haben Arbeitgeber oder Betreiber in ihrem Betrieb Brandschutzhelfer oder Selbsthilfekräfte für den Brandschutz in der erforderlichen Anzahl während der Betriebszeit für die Erstmaßnahmen im Brandfall, wie z.B. Brandmeldung, Alarmierung, Bekämpfung von Entstehungsbränden und der Unterstützung der Flucht und Rettung von Beschäftigten oder Besuchern, zu benennen.

Brandschutzhelfer

Es ist sinnvoll, wenn in einem Betrieb pro Brandabschnitt mindestens eine ausgebildete Person als Brandschutzhelfer für die Sofortmaßnahmen im Brandfall ständig anwesend ist. Darüber hinaus können Brandschutzhelfer die für den vorbeugenden Brandschutz verantwortlichen Personen sowie den Brandschutzbeauftragten unterstützen.

Gesetzlich gefordert werden Brandschutzhelfer (Selbsthilfekräfte) z.B. im ArbSchG i. V. m. der ArbStättV, in der Muster-Verkaufsstättenverordnung (MVKVO) sowie in der Unfallverhütungsvorschrift „Grundsätze der Prävention" (DGUV Vorschrift 1) der Unfallversicherungsträger.

Selbsthilfekräfte für den Brandschutz

Die Betreiber öffentlicher Gebäude dürfen bei Großveranstaltungen, in Versammlungsstätten sowie in einzelnen Betrieben das Brandschutzpersonal selbst stellen oder sich Hilfe durch Dritte holen, um z.B. die ortsansässigen Feuerwehren von bestimmten Aufgaben zu entlasten.

Die Organisation sowie Planung und Durchführung von z.B. Brandsicherheitswachen jeglicher Art und Größe geschieht mit qualifiziertem und entsprechend ausgebildetem Brandschutz(fach)personal.

5.3.1 Aufgaben und Pflichten

Brandschutzhelfer

Brandschutzhelfer bekämpfen Entstehungsbrände mit den betrieblichen Feuerlöscheinrichtungen und unterstützen hilfsbedürftige Beschäftigte im Gefahrenfall.

Eine ausreichende Anzahl von Brandschutzhelfern im Betrieb ergibt sich aus der Beurteilung der Arbeitsbedingungen (Gefährdungsbeurteilung). Soweit keine besonderen Brandgefahren vorhanden sind, haben sich ca. 5 % der Beschäftigten als ausreichend erwiesen. Bei höherer Brandgefährdung, der Anwesenheit großer Personenmengen sowie Personen mit eingeschränkter Mobilität ist eine größere Anzahl von Brandschutzhelfern erforderlich. Bei der Festlegung sind u.a. auch Schichtbetrieb, Abwesenheit einzelner Personen durch Fortbildung, Urlaub oder Krankheit sowie Personalwechsel zu berücksichtigen.

Brandschutzhelfer können ihre Aufgaben nur dann effektiv wahrnehmen, wenn auch die Brandschutzunterweisung aller Beschäftigten regelmäßig durchgeführt wird.

Selbsthilfekräfte für den Brandschutz

Veranstaltungen aller Art (z.B. Messen, Kongresse, Theater, sonstige Großveranstaltungen, pyrotechnische Vorführungen), bei denen eine erhöhte Brandgefahr besteht und bei denen bei Ausbruch eines Brandes eine große Anzahl von Personen gefährdet würde, sind aufgrund verschiedener Vorschriften, z.B. die der Landesgesetzgebung, durch besonders ausgebildetes Brandschutzpersonal (z.B. Brandsicherheitswachen) abzusichern.

Oder wird aufgrund von Wartungsarbeiten eine Feuerlösch- und/oder Brandmeldeanlage eines Großbetriebes abgeschaltet und die automatische Verbindung zur örtlichen Feuerwehr ist unterbrochen, dann wird auch hier der Arbeitgeber oder Betreiber behördlich dazu angehalten, einen Brandsicherheitswachdienst für den Notfall vorzuhalten.

Dieses ausgebildete Brandschutzpersonal hat die Aufgabe, ständig zugegen zu sein, um im Gefahrenfall z.B. Feueralarm auszulösen, automatische Löscheinrichtungen zu aktivieren, Evakuierungsmaßnahmen einzuleiten und ggf. Feuerwehren einzuweisen.

Die Organisation sowie Planung und Durchführung von Brandsicherheitswachen jeglicher Art und Größe geschieht grundsätzlich mit qualifiziertem und entsprechend ausgebildetem Fachpersonal.

Brandschutzhelfer im Betrieb

Name:	
Erreichbarkeit:	
Name:	
Erreichbarkeit:	
Name:	
Erreichbarkeit:	
Name:	
Erreichbarkeit:	
Name:	
Erreichbarkeit:	
Name:	
Erreichbarkeit:	

5.3.2 Qualifikation und Ausbildung

Brandschutzhelfer

Vorschriften des Arbeitsschutzes verpflichten die Arbeitgeber, Brandschutzhelfer in ihrem Betrieb einzusetzen und sie im Hinblick auf ihre Aufgaben auszubilden. Eine besondere Qualifikation der Brandschutzhelfer ist hierzu nicht erforderlich, aber bei der Anzahl, Auswahl und Bestellung der jeweiligen Brandschutzhelfer ist der Betriebs- oder Personalrat zu beteiligen.

Die Ausbildung der Brandschutzhelfer ist abhängig von den betriebsspezifischen Aufgaben, die der Brandschutzhelfer in seinem Betrieb im Brandfall wahrnehmen soll. Bei der Ausbildung werden Arbeitgeber vom Brandschutzbeauftragten und/oder der Sifa unterstützt.

Brandschutzhelfer sind über die gesetzlich vorgeschriebene Unterweisung aller Beschäftigten hinaus zusätzlich zu schulen. Als sinnvoll und praktikabel hat sich die nachfolgende Ausbildung nach DGUV Information 205-023 „Brandschutzhelfer – Ausbildung und Befähigung“ herausgestellt.

Kapitel 2.1 Theorie		Kapitel 2.2 Praxis		+ Einweisung im Unternehmen
→ allgemein	→ betriebsspezifisch	→ allgemein	→ betriebsspezifisch	
• Grundzüge des Brandschutzes • Betriebliche Brandschutz-organisation • Funktion und Wirkungsweise von Feuerlösch-einrichtungen • Gefahren durch Brände • Verhalten im Brandfall • …	• Besondere Gefahren durch Brände • Besondere Feuerlöschein-richtungen, soweit vorhanden • Besonderes Verhalten im Brandfall • …	• Handhabung, Funktion und Auslösemechanismen von Feuerlösch-einrichtungen • Löschtaktik und eigene Grenzen der Brand-bekämpfung • …	• Praktische Einweisung in betriebsspezifische Feuerlösch-einrichtungen • Betriebsspezifische Besonderheiten (elektrische Anlagen, Metallbrände, Fettbrände, etc.) • …	Einweisung in die betrieblichen Gegebenheiten sowie in den betrieblichen Zuständigkeitsbereich durch den Unternehmer bzw. die Unternehmerin und soweit vorhanden mit dem/der Brandschutzbeauftragten
2 UE à 45 Minuten	(2 UE allgemein) + Ausbildungsdauer nach Bedarf	5–10 Minuten pro Teilnehmenden	Ausbildungsdauer nach Bedarf	Benötigte Zeit für die betriebliche Einweisung

Zum Ausbildungsinhalt gehören neben den Grundzügen des vorbeugenden Brandschutzes auch Kenntnisse über die Funktions- und Wirkungsweise von Feuerlöschgeräten sowie das Verhalten im Brandfall. Praktische Übungen (Löschübungen) im Umgang mit Feuerlöschgeräten sind unverzichtbar.

Bei erhöhter Brandgefährdung, Anwesenheit vieler Personen oder Menschen mit eingeschränkter Mobilität sowie bei großer räumlicher Ausdehnung der Arbeitsstätte ist eine größere Anzahl von Brandschutzhelfern zu bestellen und ggf. eine ergänzende Ausbildung erforderlich.

Ergänzende Ausbildung für Brandschutzhelfer in einem angemessenen Verhältnis zu den bestehenden besonderen Gefahren (vgl. § 10 (2) ArbSchG) nach Gefährdungsbeurteilung				
Ausbildungsdauer nach Bedarf				
Grundzüge des vorbeugenden Brandschutzes (z. B. betriebsspezifische und besondere Brandschutz-maßnahmen)	**Weitergehende betriebliche Brandschutzorganisation** (z. B. Selbsthilfekräfte, Betriebs- oder Werkfeuerwehr)	**Besonderes Verhalten im Brandfall** (z. B. in Bereichen mit Löschanlagen)	**Besondere Gefahren durch Brände** (z. B. elektrische Anlagen, Gefahrstoffe)	**Funktions- und Wirkungsweise vorhandener Feuerlöschein-richtungen** (z. B. Brandklassen, Löschmittel, Bedienung, Einsatzgrenzen und Löschtaktik)
+ Praktische Löschübung mit unterschiedlichen Feuerlöscheinrichtungen und Wandhydranten				
Kenntnisse der besonderen Brandschutzgefahren, der individuellen Brandschutzmaßnahmen (ggf. Brandschutzkonzept) und der betrieblichen Brandschutzorganisation		Kenntnisse der besonderen Gefahren bei der Brandbekämpfung und der Funktion und Bedienung der vorhandenen Löscheinrichtungen		

Die Ausbildung der Brandschutzhelfer ist in Abständen von spätestens drei bis fünf Jahren aufzufrischen!

Selbsthilfekräfte für den Brandschutz

Brandschutz(hilfs)personal benötigt zur Bewältigung seines Aufgabengebietes eine allgemeine feuerwehrtechnische Truppführer-Ausbildung und die zusätzlichen Ausbildungsinhalte für Brandsicherheitswachen.

Eine Unterweisung/Einweisung am Einsatzort ist zwingend erforderlich und vom Arbeitgeber/Betreiber gemäß § 12 ArbSchG i. V. m. § 6 ArbSchG schriftlich nachzuweisen.

5.4 Evakuierungshelfer

Arbeitgeber haben diejenigen Beschäftigten zu benennen, die Aufgaben der Evakuierung der Beschäftigten übernehmen. Anzahl und Ausbildung dieser benannten Beschäftigten müssen in einem angemessenen Verhältnis zur Zahl der Beschäftigten und zu den bestehenden besonderen Gefahren stehen.

Evakuierungshelfer (auch Evakuierungspersonal, Evakuierungshilfspersonal oder Räumungshelfer genannt) sind vom Arbeitgeber oder Betreiber benannte Person, die im Gefahrenfall die Evakuierung eines Objekts (z.B. Gebäude, Einkaufszentrum, Schwimmbad) mit unterstützen. Die Funktion der Evakuierungshelfer ist parallel zum Brandschutzhelfer zu sehen.

Vor der Benennung dieser Personen hat der Arbeitgeber den Betriebs- oder Personalrat zu hören.

Es ist aber auch sehr wichtig, dass jede Führungskraft und jeder Beschäftigte Kenntnis davon hat, was zu tun ist und wie man sich in einer Gefahrensituation zu verhalten hat.

Für den Gefahrenfall legt der Arbeitgeber fest,

- wer Verantwortlicher für eine Evakuierung ist und
- nach welchen Kriterien eine Evakuierung veranlasst wird.

Es empfiehlt sich, einen Evakuierungsplan zu erarbeiten, in dem die wesentlichen Maßnahmen der Evakuierung festgelegt und vereinbart werden. Im Rahmen der Beurteilung der Arbeitsbedingungen (Gefährdungsbeurteilung) ist dieser regelmäßig auf Aktualität zu überprüfen und in regelmäßigen Abständen (jährlich) anhand dieses Planes zu üben.

Die DGUV Information 205-033 „Alarmierung und Evakuierung“ zeigt beispielhafte Lösungswege auf.

Evakuierungshelfer im Betrieb

Name:	
Erreichbarkeit:	
Name:	
Erreichbarkeit:	
Name:	
Erreichbarkeit:	

Name:	
Erreichbarkeit:	
Name:	
Erreichbarkeit:	
Name:	
Erreichbarkeit:	

5.4.1 Aufgaben und Pflichten

Die Aufgaben der Evakuierungshelfer ergeben sich aus dem jeweiligen Evakuierungskonzept (Bestandteil der Brandschutzordnung Teil C).

Im Alarmfall weisen Evakuierungshelfer die sich in ihrem zugewiesenen Betriebsteil befindlichen Personen an, das Gebäude unverzüglich über die Flucht- und Rettungswege in Richtung Sammelplatz zu verlassen. Evakuierungshelfer gehen dabei von Raum zu Raum und kontrollieren, ob alle Arbeitsplätze, Nebenräume und Sanitärräume verlassen wurden.

Ist der erste Rettungsweg durch starke Rauchentwicklung oder Feuer versperrt, weisen Evakuierungshelfer die anwesenden Personen an, den zweiten Rettungsweg aufzusuchen. Wenn dann alle Räumlichkeiten des zugewiesenen Betriebsteils kontrolliert wurden, verlassen auch die Evakuierungshelfer das Gebäude in Richtung Sammelplatz.

In einer Liste ist zu dokumentieren, ob ein Arbeitsplatz geräumt ist oder welche Personen sich noch dort befinden. Diese Liste übergeben Evakuierungshelfer dem Arbeitgeber oder den Führungskräften, die die Liste mit den eingetroffenen Personen am Sammelplatz abgleichen.

Damit die Feuerwehr in der Lage ist, sich schnell einen Überblick zu verschaffen, wo sich im Gebäude oder in den Gebäuden noch Personen befinden, wird die Liste an den Einsatzleiter der Feuerwehr übergeben. Dadurch können die Einsatzkräfte der Feuerwehr gezielt vermisste Personen befreien oder retten.

War für die Evakuierungshelfer keine Gelegenheit mehr den zugewiesenen Betriebsteil aufzusuchen, haben sie sich sofort zum Sammelplatz zu begeben und dort melden sie diesen Umstand dem Arbeitgeber oder der entsprechenden Führungskraft, so dass der Betriebsteil durch die Einsatzkräfte der Feuerwehr eventuell vorrangig kontrolliert wird.

5.4.2 Qualifikation und Ausbildung

Qualifizieren Sie die Beschäftigten, die mit Aufgaben für die Evakuierung beauftragt sind, z.B. beim Unfallversicherungsträger, der Feuerwehr oder weiteren anerkannten Anbietern.

Mit einer zusätzlichen Qualifikation können auch Brandschutzhelfer und Sicherheitsbeauftragte zu Evakuierungshelfern bestellt werden.

Siehe auch DGUV Information 203-033.

5.5 Ersthelfer

Bezüglich der Ersten Hilfe und des betrieblichen Rettungswesens ist es die Pflicht des Arbeitgebers, die personellen Voraussetzungen für die Erste Hilfe im Betrieb zu schaffen. Hierzu muss der Arbeitgeber im Betrieb über eine ausreichende Anzahl aus- bzw. fortgebildeter Ersthelfer verfügen. Siehe auch DGUV Regel 100-001 „Grundsätze der Prävention“ Kapitel 4.8.

Unter Beteiligung der Mitarbeitervertretungen (z.B. Betriebs- oder Personalrat, Schwerbehindertenvertretung) sind diejenigen Personen zu benennen, die die Aufgaben der Ersten Hilfe im Betrieb übernehmen.

Kommt ein Arbeitgeber dieser Verpflichtung nicht nach, begeht er damit eine grobe Pflichtverletzung, die auch geahndet wird.

Ersthelfer sind ausgebildete Laien, die als Erste am Ort des Geschehens Maßnahmen ergreifen können, um akute Gefahren für Leben und Gesundheit abzuwenden.

Ersthelfer im Betrieb

Name:	
Erreichbarkeit:	
Name:	
Erreichbarkeit:	
Name:	
Erreichbarkeit:	
Name:	
Erreichbarkeit:	
Name:	
Erreichbarkeit:	
Name:	
Erreichbarkeit:	

5.5.1 Aufgaben und Pflichten

Ersthelfer bleiben trotz einer Ausbildung medizinische Laien. Die Aufgaben ergeben sich aus der Art und dem Umfang der Aus- und Weiterbildung zum Ersthelfer. Ersthelfer dürfen auf dem Gebiet der Ersten Hilfe nur das leisten, was ihrem Ausbildungsstand entspricht.

Arbeitgeber und Ersthelfer haben stets zu beachten, dass Erste Hilfe durch Laien nur Notbehelf, aber kein Ersatz für ärztliche Maßnahmen ist. In dem durch Aus- und Weiterbildung gestellten Rahmen obliegt es ihnen, bei Notfällen die notwendigen lebensrettenden Sofortmaßnahmen zu ergreifen und Verletzte oder Erkrankte so lange zu betreuen, bis ärztliches Fachpersonal (Sanitäter oder Arzt) den Patienten übernehmen.

Es ist zwar die wichtigste Aufgabe der Ersthelfer, bei einem Notfall einsatzbereit zur Stelle zu sein und zu helfen, aber nicht die einzige. Ersthelfer haben auch in Fällen, die nicht den Grad einer lebensbedrohlichen Verletzung erreichen, Hilfe zu leisten.

In den Betrieben, in denen es z.B. weder Betriebsarzt noch Betriebssanitäter gibt, kann es Aufgabe der Ersthelfer sein, Verletzte mit leichteren Verletzungen im Rahmen der Ersten Hilfe zu versorgen und wenn erforderlich, für den Transport zum Arzt zu sorgen.

Den Ersthelfern können Arbeitgeber auch die Kontrolle über das vorzuhaltende Erste-Hilfe-Material sowie die ordnungsgemäße Dokumentation der Unfälle im Verbandbuch übertragen.

Auf keinen Fall ist es aber die Aufgabe des Ersthelfers, Medikamente an Betriebsangehörige oder Dritte auszugeben.

Rettungskette

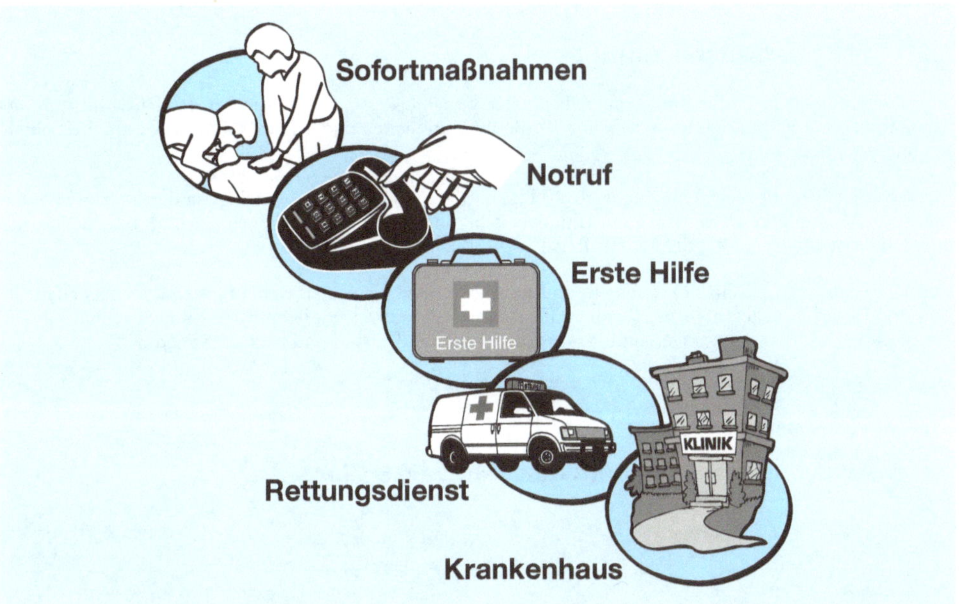

5.5.2 Qualifikation und Ausbildung

Arbeitgeber dürfen Mitarbeiter als Ersthelfer erst dann einsetzen, wenn diese bei einer für die Ausbildung der Ersten Hilfe ermächtigten Stelle geschult wurden oder über eine qualifizierte Ausbildung im Rettungs- oder Gesundheitswesen verfügen.

Die Ausbildung zum Ersthelfer erfolgt in einem neun Unterrichtseinheiten (UE) umfassenden Erste-Hilfe-Lehrgang. In Zeitabständen von zwei Jahren hat dann regelmäßig eine Erste-Hilfe-Fortbildung durch Teilnahme an einem neun UE umfassenden Erste-Hilfe-Training zu erfolgen.

Die o. g. Ausbildung erstreckt sich nicht auf die Verwendung von Hilfsmitteln, wie Erste-Hilfe-Geräte, medizinische Geräte, Krankentragen sowie die Verabreichung von Gegenmitteln (Antidote). Lediglich die Verwendung des in den Verbandkästen enthaltenen Erste-Hilfe-Materials ist Gegenstand dieser Ausbildung.

Soweit Ersthelfer in einzelnen Betrieben, die an sie zu stellenden Anforderungen allein aufgrund der durch die Grundausbildung ihnen vermittelten Fertigkeiten nicht erfüllen können, müssen sie zusätzlich qualifiziert werden.

Ein Ersthelfer-Lehrgang hat in Übereinstimmung mit dem DGUV Grundsatz 304-001 „Ermächtigung von Stellen für die Aus- und Fortbildung in Erster Hilfe“ u.a. folgende Themen zum Gegenstand:

- Allgemeine Verhaltensweisen bei Unfällen/Notfällen/Rettung
- Kontaktaufnahme/Prüfen der Vitalfunktion
- Störungen des Bewusstseins
- Störungen von Atmung und Kreislauf
- Knochenbrüche/Gelenkverletzungen
- Bauchverletzungen
- Wunden/bedrohliche Blutungen
- Schock
- Verbrennungen/thermische Schäden
- Vergiftungen/Verätzungen

5.6 Sicherheitsbeauftragte

Sicherheitsbeauftragte (SiBe) sind vom Arbeitgeber bestellte Personen, die sie bei der Durchführung der Maßnahmen zur Verhütung der Arbeitsunfälle, Berufskrankheiten und arbeitsbedingten Gesundheitsgefahren unterstützen.

In allen Betrieben mit regelmäßig mehr als 20 Beschäftigten müssen unter Beteiligung der Interessenvertretungen SiBe mindestens in der vom Unfallversicherungsträger vorgegebenen Anzahl bestellt werden (s.a. Hinweise in Kapitel 4.2 der DGUV Regel 100-001).

Ihnen kommt aufgrund ihrer Orts-, Fach- und Sachkenntnisse die Aufgabe zu, in ihrem Arbeitsbereich Unfall- und Gesundheitsgefahren zu erkennen und adäquat darauf zu reagieren sowie zu beobachten, ob vorgeschriebene Schutzvorrichtungen und -ausrüstungen vorhanden sind und benutzt werden.

Sicherheitsbeauftragte (Luftfracht)

Sicherheitsbeauftragte (Bundeswehr)

(Arbeitsschutz, SGB VII)

Sicherheitsbeauftragte (Tunnelsicherheit)

Sicherheitsbeauftragte (Telekommunikation)

Sicherheitsbeauftragte (IT)

Sicherheitsbeauftragte (Großveranstaltungen)

Sicherheitsbeauftragte (Werkschutz)

Sicherheitsbeauftragte (Medizinprodukte)

Sicherheitsbeauftragte (Regalanlagen)

SiBe sind in ihrer Funktion (s.a. DGUV Information 211-042 „Sicherheitsbeauftragte“) ausschließlich ehrenamtlich tätig und können in keinem Fall die beratende Funktion einer Sifa oder des Betriebsarztes ersetzen, sollten aber eng mit ihnen zusammenwirken.

SiBe sind auch Mitglied im Arbeitsschutzausschuss (ASA).

Aus der Bestellung zum SiBe ergibt sich keine Weisungsbefugnis und keine besondere Verantwortung. Sie können aber auch nicht zivil- oder strafrechtlich für das Wirken als SiBe zur Verantwortung gezogen werden.

Sicherheitsbeauftragte im Betrieb

Name:	
Erreichbarkeit:	
Name:	
Erreichbarkeit:	
Name:	
Erreichbarkeit:	
Name:	
Erreichbarkeit:	
Name:	
Erreichbarkeit:	
Name:	
Erreichbarkeit:	

5.6.1 Aufgaben und Pflichten

SiBe unterstützen Arbeitgeber und verantwortliche Führungskräfte bei der Erfüllung ihrer Aufgaben im Arbeits- und Gesundheitsschutz, und zwar unabhängig davon, ob eine Sifa und/oder eine Betriebsärztin/ein Betriebsarzt bestellt sind.

Persönliche Vorteile sind mit dieser ehrenamtlichen Tätigkeit nicht verbunden. Es besteht lediglich Anspruch auf Zahlung des entsprechenden Arbeitsentgelts für die Dauer der Ausbildung und die Zeit zur Erfüllung der gesetzlichen Aufgaben. Wegen der Erfüllung der ihnen übertragenen Aufgaben dürfen Sicherheitsbeauftragte nicht benachteiligt werden.

Aufgabe

SiBe haben den Arbeitgeber bei der Durchführung der Maßnahmen zur Verhütung von Arbeitsunfällen und Berufskrankheiten zu unterstützen, insbesondere sich von dem Vorhandensein und der ordnungsgemäßen Benutzung der vorgeschriebenen Schutzeinrichtungen und persönlichen Schutzausrüstungen zu überzeugen und auf Unfall- und Gesundheitsgefahren für die Beschäftigten aufmerksam zu machen.

Damit ist z. B. gemeint, dass SiBe

- sich davon überzeugen, dass die in Unfallverhütungsvorschriften, DGUV Regeln, DGUV Informationen, Merkblättern usw. vorgeschriebenen technischen Schutzeinrichtungen und die persönlichen Schutzausrüstungen vorhanden sind,
- sich davon überzeugen, dass die technischen Schutzeinrichtungen funktionsfähig und die persönlichen Schutzausrüstungen in gebrauchsfähigem Zustand sind,
- darauf achten, dass ihre Kollegen/Kolleginnen technische Schutzeinrichtungen und persönliche Schutzausrüstungen in der dafür vorgesehenen Art und Weise benutzen,
- Mängel unverzüglich ihrem Vorgesetzten melden,
- ggf. ihren Kollegen/Kolleginnen den richtigen Umgang mit den Maschinen und den Arbeitsstoffen erklären und zeigen,
- ihre Kollegen/Kolleginnen z. B. über die Unfall- und Gesundheitsgefahren im Betrieb informieren,
- sich insbesondere um die „Neuen" im Betrieb kümmern, z. B. Jugendliche und Kollegen/Kolleginnen, die die deutsche Sprache nur unvollkommen beherrschen,
- an den Sitzungen des Arbeitsschutzausschusses teilnehmen,
- an den jährlichen Begehungen der Arbeitsplätze sowie den zweijährlichen Brandschutzbegehungen teilnehmen und
- an den Unfalluntersuchungen und Betriebsbesichtigungen durch die Präventionsdienste der Unfallversicherungsträger und die der Aufsichtsbehörde beteiligt werden.

5.6.2 Qualifikation und Ausbildung

Damit SiBe ihre Aufgabe im Betrieb nachhaltig wahrnehmen können, benötigen sie neben den regelmäßigen Informationen durch die Betriebsleitung, Sifa und den Betriebsarzt im Allgemeinen eine Ausbildung und auch regelmäßige Weiterbildung, die z.B. von den Unfallversicherungsträgern oder anderen anerkannten Bildungsträgern angeboten wird. SiBe können ohne die Kenntnisse, die sie dort erwerben, ihre Aufgabe nicht sachgerecht und vollständig erfüllen.

Arbeitgeber haben den SiBe während der Arbeitszeit Gelegenheit zu geben, an diesen Aus- und Fortbildungsmaßnahmen teilzunehmen.

Als gesetzlichen Auftrag haben die Unfallversicherungsträger für die erforderliche Aus- und Fortbildung der Personen in den Unternehmen zu sorgen, die mit der Durchführung der Maßnahmen zur Verhütung von Arbeitsunfällen, Berufskrankheiten und arbeitsbedingten Gesundheitsgefahren sowie mit der Ersten Hilfe betraut sind. Die Unfallversicherungsträger haben Arbeitgeber und Beschäftigte zur Teilnahme an Aus- und Fortbildungslehrgängen anzuhalten.

5.7 Interessenvertretungen

Betriebs-, Personal-, Richter-, Staatsanwalts- und Präsidialrat sowie die Schwerbehindertenvertretung (SBV) sind als Interessenvertretung der Beschäftigten bei allen Maßnahmen des sehr umfangreichen Arbeits- und Gesundheitsschutzes, einschließlich des Brandschutzes, durch den Arbeitgeber zu beteiligen.

Auf keinem anderen Gebiet kann die Interessenvertretung so viel erreichen, ohne in einen Konflikt mit dem Arbeitgeber zu geraten, wie im Arbeits- und Gesundheitsschutz. Hier kann man von einer großen Übereinstimmung der Interessenlagen beider Seiten ausgehen.

Interessenvertretungen des Betriebes

Vorsitzender:	
Erreichbarkeit:	

weitere Namen:	
Erreichbarkeit:	
weitere Namen:	
Erreichbarkeit:	
SBV:	
Erreichbarkeit:	

5.7.1 Aufgaben und Pflichten

Interessenvertretungen haben die Pflicht, darüber zu wachen, dass die zugunsten der Beschäftigten geltenden Gesetze, Verordnungen, Unfallverhütungsvorschriften, Tarifverträge, Betriebs- und Dienstvereinbarungen sowie Verwaltungsvorschriften durchgeführt werden.

Hierbei arbeiten sie mit den zuständigen Behörden, den Unfallversicherungsträgern und sonstigen Stellen, z.B. örtliche Feuerwehr eng zusammen.

Ebenso sollen sie im Betrieb alle Maßnahmen des Arbeits- und Gesundheitsschutzes, einschließlich Brand- und Explosionsschutz, fördern und sich für die Sicherheit und die Gesundheit der Beschäftigten einsetzen, indem sie von ihrem Recht,

- mitzubestimmen,
- Initiative zu ergreifen,
- Maßnahmen zu beantragen oder zu beanstanden,
- zu gestalten,
- ggf. die Einigungsstelle o.Ä. anzurufen,

Gebrauch machen.

Arbeitsschutzausschuss

Als ständige Mitglieder des betrieblichen Arbeitsschutzausschusses haben sie die Aufgabe, den Ausschuss für die sonstigen Überwachungs- und Mitwirkungspflichten zu nutzen.

5.7.2 Qualifikation und Ausbildung

Der Gesetzgeber schreibt den Interessenvertretungen nicht vor, welche zusätzliche Qualifikation sie für ihr Ehrenamt mitbringen müssen.

Um aber den gesetzlich vorgegebenen Aufgabenkatalog zu erfüllen, ist es zwingend erforderlich, dass sich die Interessenvertretungen auch auf speziellen Rechtsgebieten aus- und weiterbilden.

Diverse Ausbildungsträger sowie die Unfallversicherungsträger bieten zu den Themen des Arbeits- und Gesundheitsschutzes, einschließlich zum Brandschutz, Grundlagen- und Vertiefungsseminare an.

Arbeitgeber haben den Interessenvertretungen die Teilnahme an entsprechenden Veranstaltungen zu ermöglichen.

5.8 Beauftragte für Fremdfirmen und Externe

Werden Beschäftigte mehrerer Arbeitgeber oder selbstständige Einzelunternehmer an einem Arbeitsplatz tätig, haben diese bei der Umsetzung der Sicherheits- und Gesundheitsschutzbestimmungen zusammenzuarbeiten.

Meist wird es vertraglich schon vorher geregelt, dass sich Fremdfirmen oder Dritte vor dem Betreten und dem Verlassen des Betriebsgeländes an der Pforte melden, dort entsprechend registriert und von dort von einem(r) Beauftragten des Arbeitgebers (z. B. Sicherheitskoordinator, Baustellenkoordinator, Brandschutzbeauftragter) abgeholt, aber auch wieder dorthin zurückbegleitet werden.

Somit ist sichergestellt, dass Fremdfirmen und Externe begleitet und zum Schutz aller in die Betriebsabläufe und die innerbetrieblichen Sicherheitskonzepte eingewiesen werden.

Beauftragte des Betriebes

Name:	
Erreichbarkeit:	
Name:	
Erreichbarkeit:	
Name:	
Erreichbarkeit:	

5.8.1 Aufgaben und Pflichten

Soweit dies für die Sicherheit und den Gesundheitsschutz der Beschäftigten bei der Arbeit erforderlich ist, haben die Arbeitgeber je nach Art der Tätigkeiten insbesondere sich gegenseitig und die Beschäftigten über die mit den Arbeiten verbundenen Gefahren für Sicherheit und Gesundheit zu unterrichten. Dabei sind die Maßnahmen zur Verhütung dieser Gefahren abzustimmen (s. a. § 8 ArbSchG i. V. m. § 3 BaustellV und Kapital 2.5 DGUV Regel 100-001).

Für den Arbeitgeber übernehmen diese Aufgabe die Beauftragten für Fremdfirmen und Externe (z. B. Sicherheits-, Baustellenkoordinatoren, Brandschutzbeauftragte). Sie haben mit den Fremdfirmen die beabsichtigten Arbeiten zu koordinieren und dabei die innerbetrieblichen Schutzkonzepte vorzustellen. Getroffene Absprachen sind unbedingt zu dokumentieren.

Es ist sehr wichtig, dass die Beauftragten als ständige Ansprechpartner für die Fremdfirmen zur Verfügung stehen. Somit können evtl. auftretende Probleme direkt vor Ort gelöst werden.

Beispiel Feuererlaubnisschein

Der Auftragnehmer hat grundsätzlich den Ort und den Zeitraum der Feuerarbeiten schriftlich bei der Bauleitung oder beim Sicherheitskoordinator anzuzeigen und die Schweißer durch das Ausstellen einer schriftlichen Erlaubnis zu beauftragen. Wenn Brand- oder Explosionsgefahren nicht vollständig ausgeschlossen werden können, ist die ausgestellte schriftliche Erlaubnis durch den Sicherheitskoordinator vor Beginn der Arbeiten gegenzuzeichnen.

Der vom Auftragnehmer benannte Schweißer bzw. die Brandwache hat während der Ausführung der Arbeiten den Erlaubnisschein mit sich zu führen. Der Auftragnehmer hat den Erlaubnisschein bis zur Beendigung der Arbeiten aufzubewahren und anschließend beim Sicherheitskoordinator wieder abzugeben.

Beispiel einer dokumentierten Absprache

Es ist darauf zu achten, dass Betriebsabläufe nicht gestört werden. Vor Arbeitsbeginn ist Rücksprache mit dem jeweiligen Abteilungsleiter zu halten.

- Baustellen sind grundsätzlich zu sichern.
- Vorhandene Stahlkonstruktionen dürfen nicht angebohrt werden.
- Brandschutzwände dürfen ohne Rücksprache nicht durchbrochen werden.
- Arbeiten an Brandschutzverkleidungen (z. B. das Anbringen von Haltern für Rohrleitungen etc.) sind grundsätzlich untersagt.
- Es ist zu beachten, dass beim Öffnen von Brandschutzwänden ein entsprechender Erlaubnisschein für das Öffnen von Brandschutzwänden auszufüllen ist.
- Schweiß-, Schleif- und offene Feuerarbeiten dürfen nur mit Genehmigung und in Abstimmung ausgeführt werden. Der hierfür erforderliche Feuererlaubnisschein für feuergefährliche Arbeiten muss vorliegen.
- Für Schweißarbeiten an den tragenden Konstruktionen ist grundsätzlich der große Eignungsnachweis erforderlich.
- Arbeiten im Bereich von abgehängten Decken sind nur in Abstimmung mit Abteilung und Gebäudemanagement durchzuführen.
- Elektroanlagen dürfen nur vom Betriebselektriker geschaltet werden. Telefon bzw. Mobiltelefon:

  ____
- In den Außenbereichen sind feste und/oder mobile Fehlerstrom-Schutzschalter (RCD) zu benutzen.
- Die Entstehung von Lärm, Staub und Abfall ist auf ein notwendiges Mindestmaß zu reduzieren.
- Abfälle sind sortenrein zu sammeln und einer ordnungsgemäßen Entsorgung zuzuführen.

______________________________	______________________________
Unterschrift Beauftragter Arbeitgeber	Unterschrift Beauftragter Fremdfirma

Kontrolle

Arbeitgeber (auch Beauftragte für Fremdfirmen und Externe) müssen sich je nach Art der Tätigkeit vergewissern, dass die Beschäftigten anderer Arbeitgeber, die in ihrem Betrieb tätig werden, hinsichtlich der Gefahren für ihre Sicherheit und Gesundheit während ihrer Tätigkeit in ihrem Betrieb angemessene Anweisungen erhalten haben.

5.8.2 Qualifikation und Ausbildung

Bei der Übertragung von Aufgaben auf Beschäftigte haben Arbeitgeber je nach Art der Tätigkeiten zu berücksichtigen, ob die Beschäftigten befähigt sind, die für die Sicherheit und den Gesundheitsschutz bei der Aufgabenerfüllung zu beachtenden Bestimmungen und Maßnahmen einzuhalten (s. a. § 7 ArbSchG i. V. m. Kapital 2.6 DGUV Regel 100-001).

Somit haben Arbeitgeber stets darauf zu achten, dass auch die Beauftragten für Fremdfirmen und Externe dieser Aufgabe gewachsen sind. Eine zusätzliche Ausbildung ist im Allgemeinen nicht erforderlich.

5.9 Zusammenarbeit mit Aufsichtsbehörden, Feuerwehr und Feuerversicherern

Arbeitgeber oder Beauftragte, aber auch alle anderen Akteure des innerbetrieblichen Brandschutzes (z.B. Brandschutzbeauftragter, Sifa) haben mit den externen Stellen, den Aufsichtsbehörden, der örtlichen Feuerwehr und den Sachversicherern (Feuerversicherern) vertrauensvoll zusammenarbeiten. Hierbei ist es wichtig zu wissen:

- Was sind die Aufgaben dieser Behörden (z.B. Bauaufsichtsbehörde, Arbeitsschutzbehörde, aber auch Unfallversicherungsträger)?
- Welche Art (Aufgaben, Einsatztaktik und Leistungsvermögen der Feuerwehr) und welche Feuerwehrausrüstung stehen zur Verfügung?
- Welche Aufgaben hat der Sachversicherer und wo kann er dem Betrieb helfen?

Aufsichtsbehörden und Bauaufsichtsbehörden

Die Bauaufsichtsbehörden sind im Baugenehmigungsverfahren für die Überwachung der Einhaltung der Bauordnung und weiterer Vorschriften zuständig.

Im Bereich der Baugenehmigungsverfahren bei Errichtung von Gebäuden und Bauwerksteilen, Umbaumaßnahmen und Abbruchvorhaben sind es in der Regel die unteren Bauaufsichtsbehörden, z.B. Landkreise (Landratsämter), Kreisfreie Städte und Große selbstständige Städte mit ihren Bauordnungsämtern, zuständig.

Die Bauaufsichtsbehörden

- entscheiden über die Bauanträge,
- beraten bei Bauvorhaben und Nutzungsänderungen,
- überwachen die Bauausführung,
- sind Adressat für Abbruchanzeigen,
- treffen im öffentlichen Interesse Anordnungen zur Abwehr von Gefahren, zum Schutz der Allgemeinheit und zur Gewährleistung der gesetzlichen Anforderungen.

Ansprechpartner:

Behörde, Name, Tel.:

Arbeitsschutzbehörden

Die Länderministerien überwachen die Einhaltung und Umsetzung der staatlichen Vorschriften zum Arbeits- und Gesundheitsschutz.

Zu deren Aufgaben gehören insbesondere:

- die Beratung der Arbeitgeber und
- im Einzelfall die Anordnung notwendiger Maßnahmen für die Sicherheit und Gesundheit der Beschäftigten.

Ansprechpartner:

Behörde, Name, Tel.:

Unfallversicherungsträger

Aufgabe der Unfallversicherungsträger ist es, nach Maßgabe der Vorschriften des Siebten Buches Sozialgesetz mit allen geeigneten Mitteln Arbeitsunfälle und Berufskrankheiten sowie arbeitsbedingte Gesundheitsgefahren zu verhüten. Hierzu erlassen sie Unfallverhütungsvorschriften und sonstige Regeln.

Ansprechpartner:

____

Unfallversicherungsträger, Name, Tel.:

Zuständige Feuerwehr

In den meisten Fällen wird zur Brandbekämpfung die örtliche Feuerwehr herangezogen. Dabei kann es sich um Berufswehren der Städte oder um Freiwillige Feuerwehren handeln. In jedem Fall sollten die Betriebe mit den örtlichen zuständigen Feuerwehren die möglichen Brandrisiken abwägen und sie in die erforderlichen Maßnahmen innerhalb des Betriebes und in eventuell erforderliche Feuerwehrpläne einarbeiten.

Ansprechpartner:

____

Feuerwehr, Name, Tel.:

Sachversicherer

Die meisten Sachversicherer sind gerne bereit, die Betriebe und somit die Arbeitgeber bei ihren Pflichten zum vorbeugenden Brandschutz zu unterstützen. Maßgebliche Organisationen, insbesondere die Vereinigung zur Förderung des Deutschen Brandschutzes e.V. (vfdb), empfehlen in ihren Richtlinien für viele Einrichtungen aus Gewerbe-, Industrie- und Dienstleistungsbereichen die Bestellung eines Brandschutzbeauftragten, abhängig von den Brandgefahren und den durchschnittlich anwesenden Personen.

Bei der individuellen Prämiengestaltung einer Sachversicherung (Feuerversicherung) können organisatorische Brandschutzmaßnahmen (z.B. betriebsinternes Rauchverbot, Schweißerlaubnis, Brandschutzkontrollen etc.) sowie die Bestellung eines qualifizierten Brandschutzbeauftragten beitragsreduzierend niederschlagen.

Ansprechpartner:

____

Versicherung, Name, Tel.:

6 Organisation des Brandschutzes

Brandschutz bedeutet in erster Linie Vorbeugung, indem Arbeitgeber bzw. Betreiber das Brandrisiko auf ein Mindestmaß begrenzen und die erforderlichen baulichen und anlagentechnischen Brandschutzmaßnahmen in sinnvoller Weise durch organisatorische Maßnahmen sowie für den Ernstfall abwehrende Maßnahmen zu einem Gesamtkonzept ergänzen. Organisatorische Brandschutzmaßnahmen sind einerseits nötig, um die Wirksamkeit der baulichen und anlagentechnischen Brandschutzmaßnahmen sicherzustellen und andererseits, um die Menschen zum brandschutzgerechten Verhalten zu bewegen.

Gesetzliche Vorgaben

Auch in den gesetzlichen Vorschriften (z.B. ArbSchG, ArbStättV und Landesbauordnungen) erhalten Arbeitgeber nochmals den Hinweis, wie sie den Brandschutz und alles, was damit zusammenhängt, organisieren müssen. Denn Arbeitgeber haben entsprechend der Art der Arbeitsstätte und der Tätigkeiten sowie der Zahl der Beschäftigten die Maßnahmen zu treffen, die zur Ersten Hilfe, Brandbekämpfung und Evakuierung der Beschäftigten erforderlich sind. Dabei hat er der Anwesenheit anderer Personen Rechnung zu tragen.

Sie haben auch dafür zu sorgen, dass im Notfall die erforderlichen Verbindungen zu außerbetrieblichen Stellen, insbesondere in den Bereichen der Ersten Hilfe, der medizinischen Notversorgung, der Bergung und der Brandbekämpfung eingerichtet sind.

Arbeitgeber haben auch diejenigen Beschäftigten zu benennen, die Aufgaben der Ersten Hilfe, Brandbekämpfung und Evakuierung der Beschäftigten übernehmen. Anzahl, Ausbildung und Ausrüstung der benannten Beschäftigten müssen in einem angemessenen Verhältnis zur Zahl der Beschäftigten und zu den bestehenden besonderen Gefahren stehen. Vor der Benennung haben Arbeitgeber den Betriebs- oder Personalrat zu beteiligen.

6.1 Brandschutzkonzept

Bei einem Brandschutzkonzept handelt es sich um die dokumentierte Beschreibung aller erforderlichen Brandschutzeigenschaften eines Gebäudes, einer baulichen Anlage oder Teile davon. Ein solches Konzept beinhaltet alle Maßnahmen, die Brände verhindern und im Ernstfall einen Schaden möglichst klein halten.

Inhaltlich werden bauliche, anlagentechnische sowie organisatorische Maßnahmen, die den Ausbruch von Bränden und ihre Ausbreitung verhindern sowie die Rettung von Personen im Brandfall ermöglichen und die Vorgaben des abwehrenden Brandschutzes berücksichtigt.

Insbesondere fordert der Gesetzgeber z.B. bei Industriebauten, Sportstadien, Mehrzweckhallen, Krankenhäusern, Flughafenbauten, Bahnhöfen, Einkaufszentren usw. ein Brandschutzkonzept zu erstellen.

Das Brandschutzkonzept ist auch die Grundlage für die Brandschutzordnung. Diese stellt eine Art Betriebsanweisung für die Verhütung von Bränden und das richtige Verhalten im Brandfall dar und muss in Teilen öffentlich in Gebäuden aushängen.

Wann?

Bei der Projektierung der Gebäude, ob Neubau oder Sanierung, entwickelt der Arbeitgeber, Betreiber und/oder der von ihnen Beauftragte in Übereinstimmung mit dem Bauordnungsrecht der Länder, den Aufsichtsbehörden und der zuständigen Feuerwehr ein entsprechendes Konzept für den Brandschutz.

Inhalt

Das Brandschutzkonzept ist Teil der Beurteilung der Arbeitsbedingungen (Gefährdungsbeurteilung). Deshalb sollten folgende Aspekte beachtet werden:

- Ausführungsart des Betriebes, der Gebäude bzw. der baulichen Anlage,
- Nutzungsart des Gebäudes bzw. der baulichen Anlagen,
- Gefährdung durch Dritte, z.B. Sabotage, Anschläge, Brandstiftung,
- vorhandene Brandlasten,

- Gefährdung von Personen und Sachen,
- Bauliche Rauch- und Raumbegrenzungen,
- Brandentdeckung und Alarmierung,
- Verfügbarkeit der hilfeleistenden Stellen, z. B. eigene Hilfskräfte, Feuerwehr(en), Rettungsdienste.

Es umfasst auch den baulichen Brandschutz, wie z. B. Brandabschnitte, Brandmeldezentren, Flucht- und Rettungswege und die Ausstattung mit Feuerlöschmitteln.

Das Brandschutzkonzept muss auf den Einzelfall abgestimmt sein, wobei Ingenieurmethoden des vorbeugenden Brandschutzes hilfreich sein können. Es sind dann die angewandten Nachweisverfahren und die zugrunde gelegten Parameter, insbesondere Brandszenarien, detailliert darzulegen. Schutzziele im Sinne des Brandschutzkonzeptes können abgeleitet werden aus den öffentlich-rechtlichen Vorgaben sowie den Vorstellungen der Bauherren, Betreiber und Sachversicherer. Sofern das Brandschutzkonzept als Begründung für Abweichungen von bauordnungsrechtlichen Vorschriften herangezogen werden soll, ist auf diese Abweichungen einzugehen.

Verständliche Dokumentation

Im Zusammenhang mit einem Brandschutzkonzept ist es immer erforderlich, eine auch für Laien verständliche Dokumentation zu erstellen.

Im Einzelnen muss sich dies auf folgende Bereiche erstrecken:

- Hinweise zur Nutzung,
- Angaben zur Abnahme, zu wiederkehrenden Überprüfungen und zur Wartung von sicherheitstechnischen Einrichtungen,
- Angaben zur notwendigen Dokumentation (z. B. Prüfbücher),
- Hinweise zu den Verantwortlichkeiten im Betrieb und ggf. zum Brandschutzbeauftragten und
- den Hinweis auf die Fortschreibung des Brandschutzkonzeptes bei Nutzungsänderung.

Gliederung des Brandschutzkonzeptes

Ein Brandschutzkonzept sollte immer aus den Planungsunterlagen und einem dazugehörigen Erläuterungsbericht bestehen. Für die Gliederung des Textteils werden folgende Hauptüberschriften empfohlen:

1. Einleitung oder Vorbemerkung,
2. Beschreibung (Analyse) der Liegenschaft und der Gebäude,
3. Baurechtliche Einordnung, Schutzziele, Risikobewertung und
4. Maßnahmen des Brandschutzes.

Hierbei werden alle Maßnahmen, die eine Brandentstehung verhindern oder die Auswirkungen auf ein möglichst geringes Maß begrenzen, festgelegt. Dabei sollen die folgenden Schutzziele erreicht werden:

a) Schutz der Personen, z. B. Beschäftigte, Nutzer und Besucher eines Gebäudes sowie für die Rettungs- und Löschkräfte im Brandfall,
b) Schutz der Umwelt, z. B. ökologische Schäden, Schäden der Nachbarschaft und von Kulturgütern und
c) Schutz der Sachwerte und auch Verringerung einer Betriebsunterbrechung.

Anwendungsbereich

Es dient als Grundlage

- für die bauaufsichtliche Beurteilung/Genehmigung,
- für die Fachplanung, Bauausführung und Koordination der Gewerke,
- für die Abnahme und die wiederkehrenden Prüfungen,
- für die privatrechtliche Risikobeurteilung,
- für die Brandsicherheitsschauen,
- für die Unterweisung der Beschäftigten und
- für die Einsatzplanung der Feuerwehr.

Das Brandschutzkonzept kann im Baugenehmigungsverfahren, insbesondere bei Sonderbauten, als eigenständige Bauvorlage gefordert werden.

Kategorien für den Schutzumfang von Brandmeldeanlagen nach DIN 14675

- Kategorie 1 **Vollschutz** – Sämtliche Räume, in denen Brände entstehen können, müssen überwacht sein.
- Kategorie 2 **Teilschutz** – Schutz von einzelnen Brandabschnitten (üblicherweise die verwundbarsten), diese sind dann wie bei Vollschutz zu überwachen.
- Kategorie 3 **Schutz der Fluchtwege** – Schutz der Fluchtwege und eventuell angrenzender Räume; rechtzeitige Alarmierung der Beschäftigten, um Fluchtwege noch nutzen zu können.
- Kategorie 4 **Einrichtungsschutz** – Sachschutz von Funktionen, Ausrüstungen oder Bereichen mit hohem Risiko, Voll- oder Teilschutz.

Diese Kategorien wurden für den Einsatz von Brandmeldeanlagen entwickelt, können aber auch als Hilfestellung für die Festlegung von Brandschutzmaßnahmen im Unternehmen verwendet werden.

Grundsätze

Das Brandschutzkonzept beinhaltet die Einzelmaßnahmen aus

- vorbeugendem, baulichem sowie anlagentechnischem Brandschutz und
- organisatorischem (betrieblichem) Brandschutz sowie
- abwehrendem Brandschutz.

Unter Berücksichtigung

- der Nutzung,
- des Brandrisikos und
- des zu erwartenden Schadenausmaßes

werden im Brandschutzkonzept die Einzelkomponenten und ihre Verknüpfung im Hinblick auf die Schutzziele beschrieben.

Umsetzung des Brandschutzkonzeptes

Zur Umsetzung der Brandschutzmaßnahmen ist es für ein reibungsloses Zusammenwirken während der Bauphase erforderlich, die

- besonderen Brandschutzmaßnahmen, abhängig vom Baufortschritt festzulegen,
- Verantwortlichkeiten bzw. Zuständigkeiten (z.B. Bauleiter, Fachplaner, ausführende Firma, Bauherr) zu definieren,
- Qualifikation der ausführenden Firmen zu beschreiben und
- Hinweise zur Ausführung mit Vorgabe der erforderlichen Nachweise zu geben.

6.2 Brandschutzordnung

Betreiber einer baulichen Anlage oder Leiter der Betriebe sind verpflichtet, eine Brandschutzordnung aufzustellen.

Zweck einer Brandschutzordnung ist es, alle Informationen und Regelungen, die im Brandfall wichtig sind, zusammenzustellen und den Beschäftigten bei regelmäßigen Unterweisungen und in Aushängen bekannt zu geben.

Aufbau und Inhalt einer Brandschutzordnung sind in der DIN 14096 geregelt.

Eine Brandschutzordnung gliedert sich in folgende Teile:

A **Aushang in der Betriebsstätte für Beschäftigte und Kunden,**

B **Ausführliche schriftliche Informationen und Anweisungen für alle Beschäftigten und**

C **Regelungen für Personen mit besonderen Brandschutzaufgaben.**

Die Erstellung der Brandschutzordnung Teil B und Teil C ist im Einvernehmen mit der für den Brandschutz zuständigen Behörde zu treffen.

Teil A

Die Brandschutzordnung Teil A enthält Mindestanforderungen an die Aushänge zum Verhalten im Brandfall und der Verhütung von Bränden. Sie richtet sich an alle Menschen, die sich in dem Gebäude aufhalten, also neben den Beschäftigten und Fremdfirmenmitarbeitern auch Lieferanten, Kunden, Besucher und Bewohner. In dem Aushang – der immer an gut sichtbaren Stellen anzubringen ist – werden die wichtigsten Verhaltensregeln schriftlich und mit Piktogrammen hinterlegt zusammengefasst.

Eventuell muss der Teil A zusätzlich in einer Fremdsprache abgefasst werden.

Brandschutzordnung Teil A

Teil B

Die Brandschutzordnung Teil B richtet sich an die Personen, die sich nicht nur vorübergehend in einer baulichen Anlage aufhalten. Neben der Belegschaft betrifft dies auch Mieter und/oder Mitarbeiter anderer Firmen, die dann ebenfalls zu unterweisen sind.

Teil B enthält Anweisungen und Hinweise zur Verhütung von Bränden. Die Schrift und die grafische Gestaltung sind freigestellt. Der Text muss eindeutig formuliert und leicht verständlich sein. Soweit erforderlich, sind fremdsprachige Übersetzungen des deutschen Texts zulässig, wenn sie sich vom deutschen Text optisch deutlich abheben. Teil B ist separat in mehreren Sprachen zu erstellen, wenn die Zusammensetzung der Gebäudenutzer eine Mehrsprachigkeit dieser Anweisung erfordert. Die Erstellung erfolgt meist in Form von Merkblättern oder Broschüren, die stets auf dem aktuellen Stand zu halten sind.

Die Brandschutzordnung Teil B enthält Hinweise für Personen ohne besondere Brandschutzaufgaben. Alle neu eingestellten Mitarbeiter müssen jeweils eine Ausführung dieser Brandschutzordnung erhalten und den Erhalt nach einer Unterweisung quittieren. Jeder Mitarbeiter ist verpflichtet, sich mit der Brandschutzordnung vertraut zu machen. Die Brandschutzordnung ist eine verbindliche Anweisung, die von allen Mitarbeitern einzuhalten ist. Sie ist mit Datum und Unterschrift des Arbeitgebers/Betriebsleiters zu versehen. Der Bearbeitungsstand (Datum) und der Verfasser sollten u.a. für Rückfragen erkennbar sein.

Teil C

Die Brandschutzordnung Teil C richtet sich an die Personen mit besonderen Brandschutzaufgaben. Betroffen sind davon z.B. Brandschutzbeauftragte, Sifa, SiBe oder Selbsthilfekräfte für den Brandschutz (Hausfeuerwehrleute). Dieser Personenkreis verfügt über besonders gute Betriebskenntnisse, Erfahrung im betrieblichen Brandschutz und haben ggf. Weisungsbefugnis gegenüber den Beschäftigten oder anderen Personen.

Gliederung, Überschriften und Reihenfolge der einzelnen Abschnitte sind vorgeschrieben. Nichtzutreffende Abschnitte dürfen entfallen und andere sind nicht zulässig. Der Text muss eindeutig und leicht verständlich sein und sich nach den jeweiligen betrieblichen Gegebenheiten richten. Teil C ist wesentlich umfangreicher als die Teile A oder B und wird meist durch die Flucht- und Rettungspläne, Feuerwehrpläne, Abwasserpläne u.a. ergänzt.

Abschnitte und Reihenfolge

0. Inhalt
1. Brandverhütung
2. Alarmplan
3. Sicherheitsmaßnahmen für Personen, Tiere, Umwelt und Sachwerte
4. Löschmaßnahmen
5. Vorbereitung für den Einsatz der Feuerwehr
6. Nachsorge
7. Literaturverzeichnis
8. Anlagen z.B.:
   a) Anlage 1: Erlaubnisscheine z.B. zur Durchführung von Schweiß- und Schneidarbeiten, Lötarbeiten, Auftauarbeiten, Trennarbeiten u.a.
   b) Anlage 2: Auflistung der Brandschutzbeauftragten, Brandschutzhelfer, Ersthelfer u.a.
   c) Anlage 3: Feuerwehrübersichtsplan, Flucht- und Rettungspläne, Abwasserplan, ...

6.3 Feuerwehrplan

Ein Feuerwehrplan (Brandschutzplan) ist ein vorbereiteter Plan für die Brandbekämpfung und für Rettungsmaßnahmen in einer baulichen Anlage (z.B. Betrieb, Gebäude).

Er ist ein Führungsmittel und dient der Einsatzvorbereitung und der raschen Orientierung sowie zur Beurteilung der Lage.

Gedankenstütze für Ortskundige – Orientierungshilfe für Ortsfremde

Er muss genaue Angaben über Besonderheiten und Risiken auf dem Gelände und in den Gebäuden enthalten. Der Feuerwehrplan kann einen Objektplan und/oder einen Einsatzplan enthalten. Dabei muss er stets auf aktuellem Stand gehalten werden und der Eigentümer/Betreiber/Nutzer der baulichen Anlage hat den Feuerwehrplan mindestens alle zwei Jahre von einer befähigten Person prüfen zu lassen.

Feuerwehrpläne werden nach der DIN 14095 „Feuerwehrpläne für bauliche Anlagen“ erstellt und sollen

- ein schnelles Auffinden des Brandobjektes und
- die richtige Beurteilung der Lage

sicherstellen.

Ein Feuerwehrplan ist insbesondere wichtig bei großräumigen, unübersichtlichen Betriebsanlagen und für Bereiche, in denen die Löschtrupps besonders gefährdet sind.

Es ist nicht statthaft, den Feuerwehrplan nur allein anhand von Planungsunterlagen zu erstellen. Eine eingehende Ortsbesichtigung ist ebenso erforderlich wie die Absprache mit den zuständigen Stellen für den baulichen Brandschutz (Bauaufsichtsbehörde) und den abwehrenden Brandschutz (Feuerwehr).

Ob für eine bauliche Anlage ein Feuerwehrplan erforderlich ist, richtet sich nach deren Lage, Art und Nutzung. Die örtliche Feuerwehr ist bei der Beurteilung behilflich. Um die benötigten Pläne zu vereinheitlichen, werden von den Feuerwehren Merkblätter zur Erstellung von Feuerwehrplänen herausgegeben.

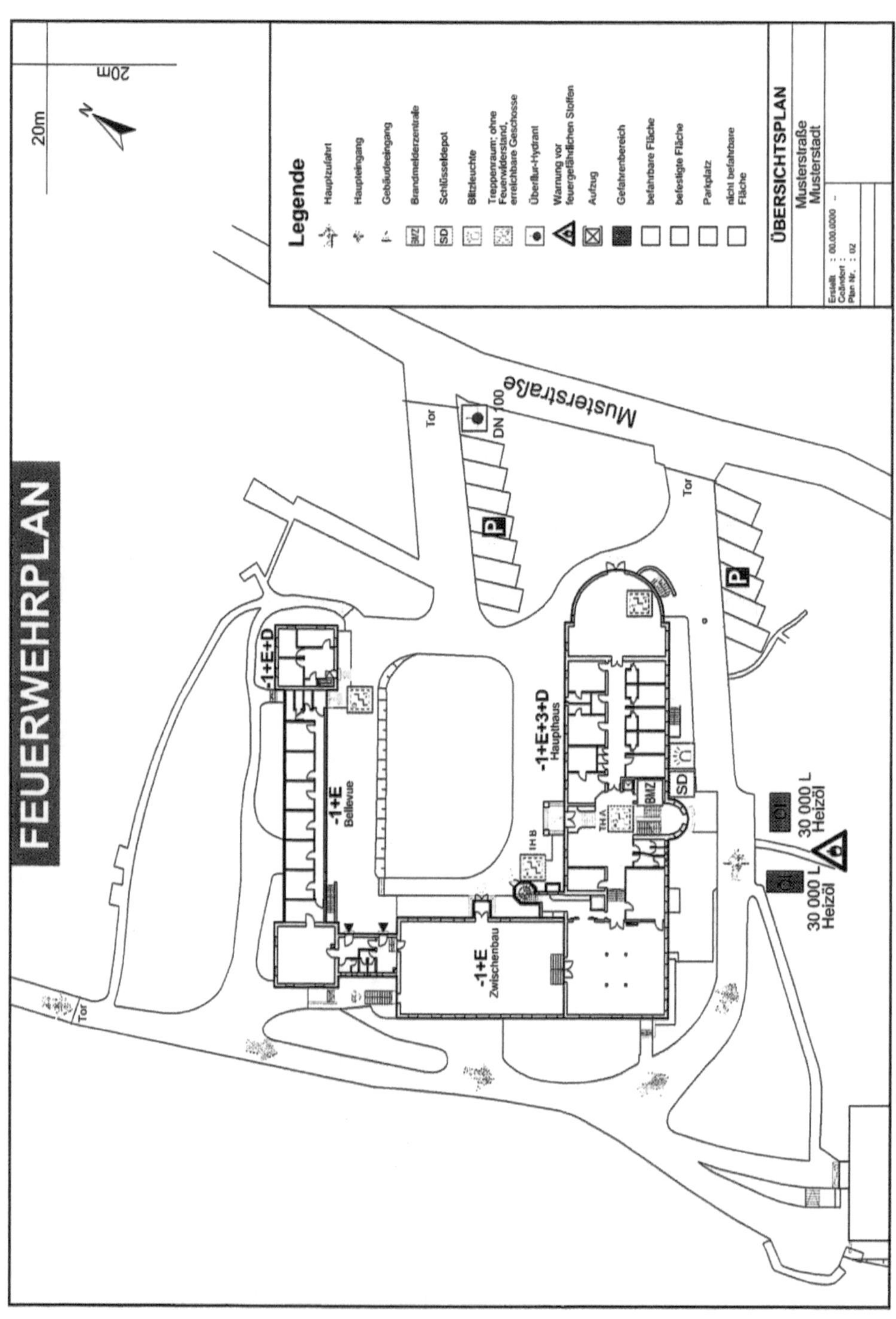

Beispiel eines Feuerwehrplanes der Feuerwehr Karlsruhe

Rechtsgrundlage

Folgende Rechtsgrundlagen und technische Bestimmungen liegen den Feuerwehrplänen zu Grunde:

- das Bauordnungsrecht der Länder,
- die Brand- und Katastrophenschutzgesetze der Länder,
- die Sonderbauvorschriften der Länder, z. B. Garagenverordnung, Versammlungsstättenverordnung, Verkaufsstättenverordnung, Schulbau-Richtlinien, Krankenhaus-Richtlinien, Industriebaurichtlinien, Beherbergungsstättenverordnung, Richtlinien zur Bemessung von Löschwasser-Rückhalteanlagen beim Lagern wassergefährdender Stoffe, Muster-Richtlinien über Flächen für die Feuerwehr.

Feuerwehrpläne bestehen aus

a) allgemeinen Objektinformationen,
b) Übersichtsplan,
c) Geschossplan/Geschossplänen,
d) Sonderplan/Sonderplänen und
e) zusätzlichen textlichen Erläuterungen.

Jeder Plan muss eine Legende zur Erläuterung der jeweiligen Darstellungen und unten rechts einen Plankopf (Schriftfeld) enthalten.

Farben

Farbe	Bezeichnung nach DIN 5381	Bezeichnung nach RAL-F 14 bzw. RAL 840-HR	Verwendung
Blau	Kennfarbe – Blau	RAL 5005 Signalblau	Löschwasser (Behälter und offene Entnahmestellen)
Rot	Kennfarbe – Rot	RAL 3001 Signalrot	Räume und Flächen mit besonderen Gefahren; Brandwände
Gelb	Kennfarbe – Gelb	RAL 1003 Signalgelb	nicht befahrbare Flächen
Grau	Kennfarbe – Grau	RAL 7004 Signalgrau	befahrbare Flächen nach DIN 14090
Grün		RAL 6019 Weißgrün	horizontale Rettungswege (Flure oder Rettungstunnel)
Grün		RAL 6024 Verkehrsgrün	vertikale Rettungswege (Treppenräume)

6.3.1 Einweisung

Ein Feuerwehrplan ist ein notwendiges, taktisches Hilfsmittel für die Einsatz- und Führungskräfte der Feuerwehr. Vor allem in der Anfangsphase eines Einsatzes erleichtern die aus dem Feuerwehrplan (Objektplan und/oder Einsatzplan) gewonnenen Informationen die Lagebeurteilung und die daraus abzuleitende Vorgehensweise.

Anhand eines Feuerwehrplans und der dazugehörigen Informationen des Brandes ist es möglich, die Feuerwehrkräfte gezielt einzuweisen und einzusetzen.

Übungen

Ebenso ist es möglich, anhand von Feuerwehrplänen Brandszenarien oder andere Gefahrensituationen zu üben und somit der Feuerwehr und anderen die notwendigen Angaben zur Konstruktion, Nutzung und Anlagentechnik von Gebäuden und baulichen Anlagen zu vermitteln und sich damit in die Lage zu versetzen, bei einer Brandbekämpfung die örtlichen Gegebenheiten besser einschätzen zu können.

6.3.2 Meldewesen

Damit eine wirksame Hilfeleistung erbracht werden kann, ist es erforderlich, dass ein funktionierendes Meldewesen zu den Hilfs- und Rettungskräften, insbesondere zur Feuerwehr aufgebaut ist. In der heutigen Zeit besitzt zwar fast jeder Bundesbürger ein Handy, mit dem eine Verbindung zu den Notrufzentralen aufgebaut werden kann, aber in einzelnen Bereichen ist vielleicht der Gebrauch eines Mobiltelefons untersagt oder es gibt bauliche Anlagen, in denen sich zurzeit kein Mensch aufhält. Dennoch hat der Betreiber dafür Sorge zu tragen, dass im Gefahren- oder Brandfall die Hilfskräfte alarmiert werden.

Hierzu bietet der Markt unterschiedliche Brandmeldesysteme, die auf die jeweiligen Erfordernisse (Brandrisiko) einer baulichen Anlage abgestimmt installiert werden können.

Eine Fernsprechanlage mit einer (direkten) Verbindung (112) zur Feuerwehr ist eine Möglichkeit, aber die örtlichen Bauvorschriften fordern oft automatisierte Brandmeldungen an die jeweils zuständige Feuerwehr, so dass hier eine Brandmeldeanlage installiert werden muss. Die Pflicht zu einem Einbau einer auf die Feuerwehr aufgeschalteten Brandmeldeanlage regelt dann entweder die Bauaufsicht mittels Baugenehmigung oder auch manchmal der Sachversicherer (Feuerversicherer), der hier einen Bedarf für den jeweiligen Versicherungsschutz sieht.

Brandmeldeanlage

Eine Brandmeldeanlage (BMA) ist eine Gefahrenmeldeanlage, die Ereignisse von verschiedenen Brandmeldern (z.B. schnellansprechenden Meldern wie Rauch und oder Flammenmelder) empfängt, auswertet und dann reagiert. Bei entsprechenden Ereignissen erfolgt u.a. die Alarmierung der nächsten Feuerwehr und ggf. die Auslösung eingebauter Löschanlagen (z.B. CO_2-Löschanlage). Meistens werden Brandmeldeanlagen in besonders gefährdeten Gebäuden, wie z.B. Kaufhäusern, Flughäfen, Bahnhöfen, Stadien, Universitäten, Schulen, Firmengebäuden, Fabrikhallen, Altenwohnheimen, Krankenhäusern installiert. Der Vorteil der Brandmeldeanlage besteht darin, dass auch bei Abwesenheit von Personen ein Brand frühestmöglich erkannt wird und die Feuerwehr diesen auch noch in der Entstehungsphase löschen kann.

Betriebsart TM

Brandmeldeanlagen müssen der DIN 14675 und DIN VDE 0833 entsprechen und in der Betriebsart TM (Brandmeldeanlagen mit technischen Maßnahmen zur Vermeidung von Falschalarmen) ausgeführt und betrieben werden. Brandmeldungen sind unmittelbar zur zuständigen Feuerwehralarmierungsstelle zu übertragen.

Betriebsart OM

Brandmeldeanlagen können in der Betriebsart OM (Brandmeldeanlagen ohne besondere Maßnahmen zur Vermeidung von Falschalarmen) ausgeführt werden, wenn die Brandmeldeanlage unmittelbar auf die Leitstelle der zuständigen Werkfeuerwehr aufgeschaltet ist.

Brandmeldezentrale

In der Brandmelderzentrale (BMZ) laufen die Signale aller Sensoren (Melder) der Brandmeldeanlagen zusammen. Hier wird die Verknüpfung der Alarme mit den Steuerungen vorgenommen. An die Brandmelderzentrale sind die Bedien- und Anzeigeoberfläche und die Alarmierungseinrichtungen der Brandmeldeanlagen angeschlossen.

Werden Brandmeldeanlagen betrieben, sind Feuerwehrlaufkarten an der Brandmeldezentrale bereitzustellen.

Meldertyp		Auslösekriterium (Brandkenngröße)	Überwachungsfläche
	Ionisations-Rauchmelder	Rauch sichtbar und unsichtbar	10 bis 100 m²
	Optischer Rauchmelder	heller und dunkler Rauch sichtbar	10 bis 80 m²
	Flammenmelder	Moduliertes Licht	bis 500 m²
	Wärmedifferentialmelder	Temperatur-Anstieg	bis 20 m²
	Wärmemaximalmelder	Maximal-Temperatur	bis 20 m²
	Druckknopffeuermelder	Handauslösung	keine Überwachungsfläche Montage: z. B. an Fluchtwegen

6.3.3 Evakuierung

Eine Evakuierung ist unter folgenden festgelegten Maßnahmen vorgesehen, damit panische und unkontrollierbare Reaktionen verhindert werden und eine Räumung möglichst reibungslos ablaufen kann.

- Der Arbeitgeber/Betreiber hat festgelegt, wie die Alarmierung und der Grund sowie die Notwendigkeit der Räumung bekannt gegeben werden.
- Rettungswege, (Not-)Ausgänge und Sammelplätze sind gekennzeichnet und freigehalten.
- Beschäftigte sind benannt und angewiesen, dass Behinderte und Betriebsfremde sofort die erforderliche Hilfe bei der Räumung des Gebäudes erhalten.
- Für die verschiedenen Betriebsbereiche sind geeignete Personen als Evakuierungshelfer vorgesehen.
- Aufzüge im Brandfall **nicht** zur Flucht zu benutzen, ist gekennzeichnet und bekannt gemacht.
- Für das Abschalten wichtiger Anlagen ist ein Plan aufgestellt und hierzu sind Beschäftigte benannt und angewiesen.
- Wichtige Unterlagen und Gegenstände sind gekennzeichnet und es ist festgelegt, durch wen und wohin sie abtransportiert werden.
- Beschäftigte sind angewiesen, persönliches Eigentum nur dann mitzunehmen, wenn es am Arbeitsplatz unmittelbar greifbar ist und dass private Pkw am Abstellort verbleiben.
- Das Verhalten und die Weisungsbefugnisse bei Evakuierungen sind auch mit den Arbeitgebern und Verantwortlichen von Fremdpersonal geklärt.

In einem Flucht- und Rettungsplan, der zweckmäßigerweise den Alarmplan einschließt, werden Verhaltensweisen und Abläufe in Notfällen, wie Brand, Evakuierung, Unfall, grafisch unterstützt festgelegt. Diese Pläne werden an geeigneten Stellen im Unternehmen für jedermann sichtbar ausgehängt. Sprache und Darstellung sollten so gewählt werden, dass auch betriebsfremde Personen sich leicht orientieren können.

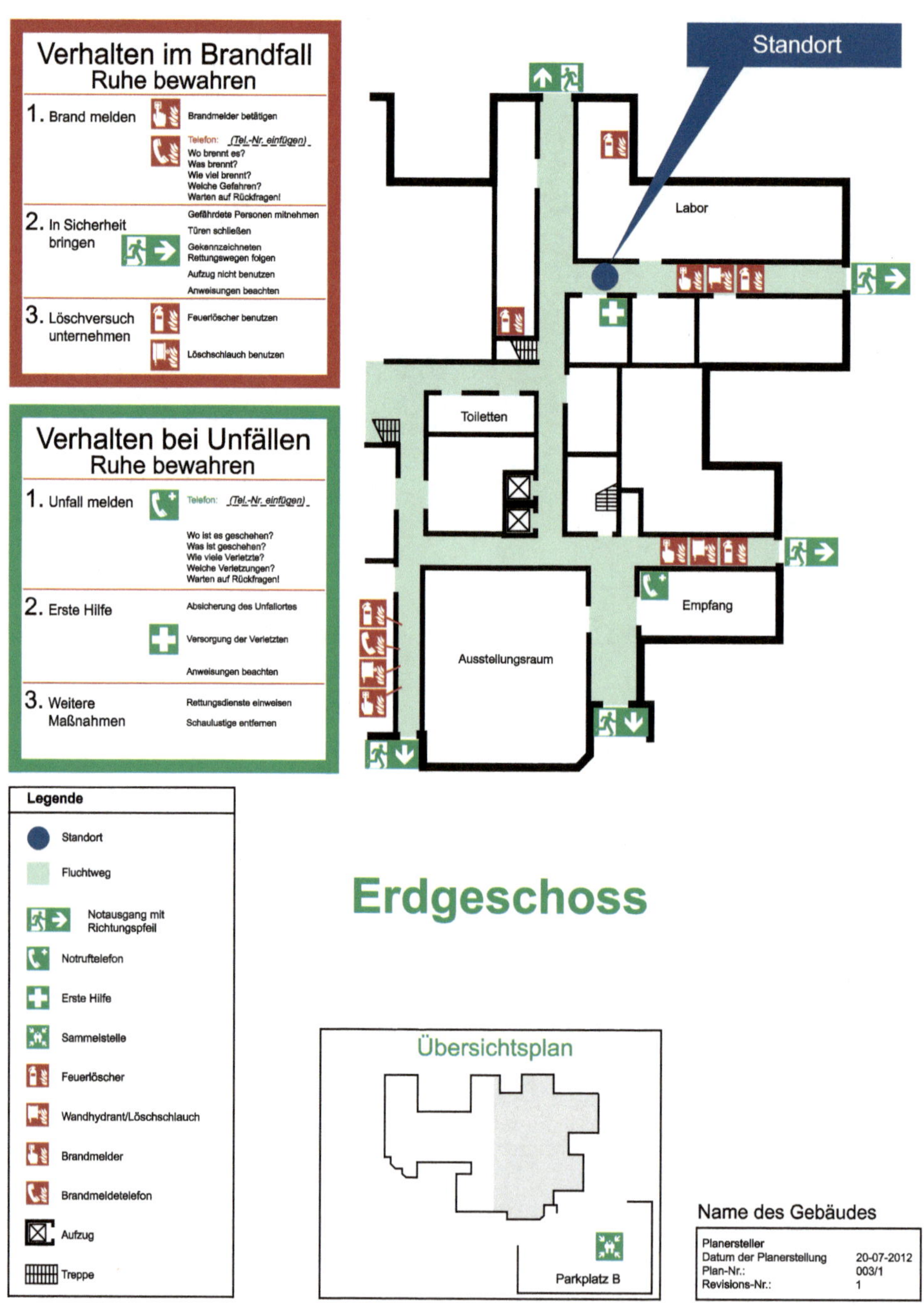
Verhalten im Brandfall
Ruhe bewahren
1. Brand melden
Brandmelder betätigen
Telefon: (Tel.-Nr. einfügen)
Wo brennt es?
Was brennt?
Wie viel brennt?
Welche Gefahren?
Warten auf Rückfragen!
2. In Sicherheit bringen
Gefährdete Personen mitnehmen
Türen schließen
Gekennzeichneten Rettungswegen folgen
Aufzug nicht benutzen
Anweisungen beachten
3. Löschversuch unternehmen
Feuerlöscher benutzen
Löschschlauch benutzen
Verhalten bei Unfällen
Ruhe bewahren
1. Unfall melden
Telefon: (Tel.-Nr. einfügen)
Wo ist es geschehen?
Was ist geschehen?
Wie viele Verletzte?
Welche Verletzungen?
Warten auf Rückfragen!
2. Erste Hilfe
Absicherung des Unfallortes
Versorgung der Verletzten
Anweisungen beachten
3. Weitere Maßnahmen
Rettungsdienste einweisen
Schaulustige entfernen
Standort
Labor
Toiletten
Empfang
Ausstellungsraum
Legende
Standort
Fluchtweg
Notausgang mit Richtungspfeil
Notruftelefon
Erste Hilfe
Sammelstelle
Feuerlöscher
Wandhydrant/Löschschlauch
Brandmelder
Brandmeldetelefon
Aufzug
Treppe
Erdgeschoss
Übersichtsplan
Parkplatz B
Name des Gebäudes
Planersteller
Datum der Planerstellung 20-07-2012
Plan-Nr.: 003/1
Revisions-Nr.: 1

Im Rahmen der jährlichen Unterweisung müssen die Beschäftigten mit dem Flucht- und Rettungsplan vertraut gemacht werden, dazu gehören auch praktische Übungen. Evakuierungen sind in jedem Fall regelmäßig proben zu lassen.

6.3.4 Zusammenarbeit

Es ist für Betreiber von baulichen Anlagen oder Arbeitgeber von Vorteil, eine enge Zusammenarbeit mit den Behörden, der Feuerwehr und den Sachversicherern zu praktizieren.

Somit sind wichtige Punkte, wie die

- Aufgaben und Möglichkeiten der Behörden,
- Art und Ausrüstung der zuständigen Feuerwehr,
- Aufgaben, Einsatztaktik und Leistungsvermögen der Feuerwehr

bekannt.

Zu den Aufgaben der Sachversicherer gehört es auch, den Betreiber oder den Arbeitgeber hinsichtlich der evtl. Auflagen (Bedenken) zu unterrichten.

Zum Beispiel ist bei der Erstellung eines Brandschutzplanes die Absprache mit den zuständigen Stellen für den baulichen Brandschutz (Bauaufsichtsbehörde) und den abwehrenden Brandschutz (Feuerwehr) ebenso erforderlich wie eine eingehende Ortsbesichtigung aller Beteiligten.

Ebenso ist bei der Überprüfung der Meldewege und bei den Evakuierungsübungen die Anwesenheit, zumindest die Unterrichtung, aller Beteiligten für die Feststellung weiteren Regelungsbedarfs hilfreich.

6.4 Mitarbeiterunterweisung

Damit Beschäftigte gefährliche Situationen erkennen und entsprechend den vorgesehenen Maßnahmen auch handeln können, müssen sie hierauf individuell zugeschnittene Informationen, Erläuterungen und Anweisungen erhalten. Die Unterweisung (§ 12 ArbSchG) ist das wichtigste Instrument, um Beschäftigte in den Stand zu versetzen, z.B. um Anordnungen zum Brandschutz richtig zu erfassen und sich sicherheitsgerecht zu verhalten.

Anlässe

- **Erstunterweisung:** z.B. bei Berufsanfängern und Neulingen oder bei Einführung von neuen Arbeitsstoffen und/oder neuen Arbeitsverfahren,
- **Wiederholungsunterweisungen:** die z.B. entsprechend der Forderung einer Rechtsnorm in „angemessenen Zeitabständen“ durchzuführen sind,
- **Unterweisungen aus besonderem Anlass:** z.B. ungewöhnliche bzw. selten vorkommende Arbeiten, Einsatz einer neuen Maschine, Verwendung eines neuen Arbeitsstoffes, Arbeitsaufträge mit besonderen Risiken für Sicherheit und Gesundheit oder neue oder geänderte Vorschriften.

Unterweisung für den Notfall

- Informationen über Fluchtwege und Notausgänge,
- zeigen Sie, z.B. wie Türverschlüsse an Notausgängen zu öffnen sind,
- Fluchtwege, Treppen und Notausgänge freihalten, z.B.
  - Durchgänge müssen frei bleiben, damit Türen selbsttätig schließen oder von Hand verschlossen werden können,
  - brennbare Flüssigkeiten, Lösemittel oder Klebstoffe dürfen nicht in Treppenhäusern, Fluren, Durchgängen und Durchfahrten abgestellt werden,
  - leicht entzündliche Abfälle sind in den dafür bereitgestellten, nicht brennbaren Behältern aufzubewahren,
- Brandschutztüren dürfen nicht festgestellt, zugestellt oder verkeilt werden,
- Aufzüge dürfen im Brandfall **nicht** benutzt werden,

- am Arbeitsplatz oder in dessen Nähe dürfen leicht entzündliche oder selbstentzündliche Stoffe nur in einer Menge gelagert werden, die für den Fortgang der Arbeit (in der Regel Bedarf für eine Schicht) erforderlich sind, z.B. in speziellen Gefahrstofflagerschränken,
- Gefahren von explosionsgefährlichen, brandfördernden oder leicht entzündlichen Stoffen und die Maßnahmen zur Abwendung der Gefahren ansprechen,
- auf das Rauchverbot und das Verbot des Umgangs mit offenem Feuer hinweisen,
- den Alarmplan erklären,
- mögliche Brandursachen erläutern,
- Standorte der Feuerlöscheinrichtungen zeigen,
- Handhabung der Feuerlöscheinrichtungen erklären,
- erläutern, wie ein Entstehungsbrand bekämpft wird,
- Zugang zu Feuerlöscheinrichtungen nicht verstellen,
- Feuerlöscheinrichtungen dürfen nicht zugedeckt, zugestellt oder zugehängt sein, sie müssen gut sichtbar sein,
- Verhalten im Brandfall erläutern,
- Personenschutz ist immer vorrangig,
- Plätze der Feuermelder zeigen,
- die Namen der Beschäftigten, die Aufgaben der Brandbekämpfung und Evakuierung übernehmen, bekannt geben,
- Meldestellen benennen,
- erläutern, welche Angaben bei der Feuermeldung mitgeteilt werden,
- Notrufnummern (meist 112) bekannt geben.

Grundsätzlich sind Unterweisungen mindestens jährlich (bei Jugendlichen und Auszubildenden halbjährlich) zu wiederholen, denn nur eine kontinuierliche Auseinandersetzung mit dem Thema Brandschutz wird zu einer sicheren Verhaltensweise führen. Dabei sind der Inhalt, der Zeitpunkt und die Teilnehmer der Unterweisung schriftlich zu dokumentieren.

6.5 Gebäuderäumungsübungen

Auf der Grundlage der Flucht- und Rettungspläne sind praktische Räumungsübungen durchzuführen. Hierbei wird überprüft, ob eine Räumung (Evakuierung) der Gebäude oder Gefahrenbereiche im Gefahrenfall schnell und sicher möglich ist.

Häufigkeit und Umfang dieser Räumungsübungen richten sich insbesondere nach dem Ergebnis der „Beurteilung der Arbeitsbedingungen“ nach § 5 ArbSchG i. V. m. den Anforderungen aus weiteren Rechtsvorschriften, z.B. ArbStättV, GefStoffV, BetrSichV, DGUV Regel 100-001, aber auch dem Bauordnungsrecht der Länder und Immissionsschutzrecht. Hierbei sind die räumliche Ausdehnung der Arbeitsstätte, die Zusammensetzung der Beschäftigten und weitere Gefährdungsmöglichkeiten zu berücksichtigen.

Zur Festlegung der Häufigkeit und des Umfangs der Räumungsübungen sowie zu deren Durchführung ist erforderlichenfalls die zuständige Behörde und/oder die Feuerwehr hinzuzuziehen.

Anhand der Übungen muss mindestens überprüft werden, ob

- eine Alarmierung zu jeder Zeit unverzüglich ausgelöst werden kann,
- eine Alarmierung alle Personen erreicht, die sich im Gebäude aufhalten,
- sich alle Personen, die sich im Gebäude aufhalten, über die Bedeutung der jeweiligen Alarmierung im Klaren sind,
- die Flucht- und Rettungswege schnell und sicher benutzt werden können.

6.6 Dokumentation

Arbeitsschutzgesetz

Arbeitgeber werden über das ArbSchG verpflichtet, das Ergebnis der „Beurteilung der Arbeitsbedingungen“, einschließlich der Themen des Brand- und Explosionsschutzes zu dokumentieren.

Dokumentation während der Bauphase

Es ist sehr wichtig, die schon während einer Bauphase durchgeführten Brandschutzmaßnahmen lückenlos zu dokumentieren. Nur besteht oft das Problem, dass unterschiedliche Gewerke (z. B. Elektrotechnik, Lüftungstechnik, Heizungstechnik, ...) hieran mitgearbeitet haben. Dadurch fehlt es oft an einer einheitlichen Dokumentation.

Doch der Nachweis einer solchen Brandschutzdokumentation ist sehr wichtig, denn

- der bauliche Brandschutz verschwindet oft in Zwischenböden oder in Deckenkonstruktionen und ist dadurch nicht mehr ohne weiteres zu lokalisieren bzw. zu definieren,
- beim Erstellen von Brandschutzmaßnahmen, z. B. Kabelschottungen wird sehr selten mitgeteilt, ob noch Nachbelegungsreserven vorhanden sind,
- Kabel- und Rohrschottungen, aber auch Brandschutzklappen findet man nach Beendigung der Bauphase nur in wenigen Fällen in Zeichnungen wieder,
- in der Regel werden von den Firmen unterschiedliche Produkte von unterschiedlichen Herstellern eingebaut und oft hat dann noch jedes einzelne dieser Produkte eine eigene Zulassung.

Flucht- und Rettungspläne

Um Personen bei ihren Aufenthalten in baulichen Objekten im Normalbetrieb und insbesondere in bedrohlichen Situationen die Möglichkeit zur Orientierung zu geben, fordern diverse Vorschriften das Anfertigen von Flucht- und Rettungsplänen. Auf ihnen werden der Aufenthaltsbereich, der Betrachterstandort und die Mittel zur Selbsthilfe abgebildet. Verhaltensregeln für den Brandfall und für Unfälle ergänzen diese Pläne.

Zimmerpläne einer Hotelanlage stellen hier einen Sonderfall dar. Sie dienen der schnellen Orientierung der Übernachtungsgäste und sind deshalb üblicherweise an den Innentüren der Zimmer befestigt.

Feuerwehrpläne

Feuerwehrpläne (Grafik- und Textteile) stellen Einsatzdokumente der Feuerwehr dar. Sie dienen der örtlichen und auch der ortsfremden Feuerwehr zur Einsatzvorbereitung und dazu, sich schnell und effektiv im Gebäude zu orientieren.

Geben örtliche bzw. regionale Brandschutzdienststellen Merkblätter, Richtlinien o. Ä. zur Erstellung von Feuerwehrplänen heraus, sind diese zu berücksichtigen. Feuerwehrpläne sind nach DIN 14095 zu gestalten und müssen mit den örtlichen Brandschutzdienststellen abgestimmt sein.

Feuerwehr-Laufkarten

Feuerwehr-Laufkarten dienen der Feuerwehr zur schnellen Lokalisierung des ausgelösten Brandmelders und somit des Brandortes im Gebäude. Laufkarten sind notwendig und gefordert, sobald im Gebäude eine Brandmeldeanlage (BMA) mit Feuerwehraufschaltung installiert ist.

Die Laufkarten sind an der Brandmeldezentrale (BMZ) hinterlegt. Dort wird der Feuerwehr angezeigt, welcher Brandmelder, welche Brandmeldegruppe den Alarm ausgelöst hat. Mit Hilfe der Laufkarte für die jeweilige Meldegruppe kann die Feuerwehr über den dargestellten Einsatzweg direkt zum ausgelösten Melder gelangen.

Dazu benötigt der Anlagenbetreiber Feuerwehr-Laufkarten (auch: Laufkarten, Meldegruppen-Laufkarten, Brandmelder-Laufkarten) gemäß DIN 14675.

Brandschutzordnung

Für gewerblich genutzte Objekte bzw. für diverse Sonderbauten ist eine Brandschutzordnung mit ihren drei Bestandteilen anzufertigen:

- Teil A: Allgemeine Verhaltenshinweise zum Verhalten im Brandfall,
- Teil B: Verhaltenshinweise für Personen ohne besondere Brandschutzaufgaben,
- Teil C: Verhaltenshinweise für Personen mit besonderen Brandschutzaufgaben.

Sonderpläne im Brandschutz

Pläne für den Bereich des vorbeugenden und/oder abwehrenden Brandschutzes wie z. B.:

- Löschwasserrückhaltepläne,
- Abwasser-, Hydranten-Pläne,
- Betrieblicher Alarm- und Gefahrenabwehrplan oder Gefahrenabwehrplan nach Vorgaben der Katastrophenschutzdienststellen, insbesondere für Unternehmen, die dem Bundesimmissionsschutzgesetz bzw. der Störfallverordnung unterliegen,
- Bestuhlungspläne für Versammlungsstätten im Zusammenhang mit Evakuierungen gemäß Forderungen aus den Sonderbaurichtlinien einzelner Bundesländer,
- Orientierungspläne (in Anlehnung an Flucht- und Rettungspläne).

6.7 Sicherheits- und Gesundheitsschutzkennzeichnung

Nach § 3a der ArbStättV in Verbindung mit Ziffer 1.3 des Anhangs sind Sicherheits- und Gesundheitsschutzkennzeichnungen dann einzusetzen, wenn die Risiken für Sicherheit und Gesundheit anders nicht zu vermeiden oder ausreichend zu minimieren sind.

Die Gestaltung der Sicherheits- und Gesundheitsschutzkennzeichnung, einschließlich der Gestaltung von Flucht- und Rettungsplänen wird in der Technischen Regel ASR A1.3 beschrieben.

Die Notwendigkeit einer Sicherheits- und Gesundheitsschutzkennzeichnung und von Flucht- und Rettungsplänen sowie von Sicherheitsleitsystemen ist im Rahmen der Gefährdungsbeurteilung (§ 3 ArbStättV) zu prüfen.

Die Kennzeichnung muss eingesetzt werden, wenn Risiken oder Gefahren trotz

- Maßnahmen zur Verhinderung der Risiken oder Gefahren,
- des Einsatzes technischer Schutzeinrichtungen und
- arbeitsorganisatorischer Maßnahmen, Methoden oder Verfahren

verbleiben.

Sicherheitskennzeichnungen

- sind kein Ersatz für technische und organisatorische Schutzmaßnahmen,
- geben eindeutige und wichtige Verhaltensvorgaben,
- geben Informationen und liefern Hinweise auf Sicherheitseinrichtungen,
- sind so anzubringen, dass diese von allen gesehen werden können.

Geometrische Form	Bedeutung	Sicher-heits-farbe	Kontrastfarbe zur Sicher-heitsfarbe	Farbe des graphischen Symbols	Anwendungsbeispiele
Kreis mit Diagonalbalken	Verbot	Rot	Weiß*	Schwarz	• Rauchen verboten • Kein Trinkwasser • Berühren verboten
Kreis	Gebot	Blau	Weiß*	Weiß*	• Augenschutz benutzen • Schutzkleidung benutzen • Hände waschen
gleichseitiges Dreieck mit gerundeten Ecken	Warnung	Gelb	Schwarz	Schwarz	• Warnung vor heißer Oberfläche • Warnung vor Biogefährdung • Warnung vor elektrischer Spannung
Quadrat	Gefahrlosigkeit	Grün	Weiß*	Weiß*	• Erste Hilfe • Notausgang • Sammelstelle
Quadrat	Brandschutz	Rot	Weiß*	Weiß*	• Brandmeldeanlage • Mittel und Geräte zur Brandbekämpfung • Feuerlöscher

* Die Farbe Weiß schließt die Farbe für langleuchtende Materialien unter Tageslichtbedingungen, wie in ISO 3864-4, Ausgabe März 2011 beschrieben, ein. Die in den Spalten 3, 4 und 5 bezeichneten Farben müssen den Spezifikationen von ISO 3864-4, Ausgabe März 2011 entsprechen. Es ist wichtig, einen Leuchtdichtekontrast sowohl zwischen dem Sicherheitszeichen und seinem Hintergrund als auch zwischen dem Zusatzzeichen und seinem Hintergrund zu erzielen (z. B. Lichtkante).

6.8 Feuerlöscheinrichtungen

Zum Löschen von Entstehungsbränden müssen durch den Arbeitgeber oder Betreiber geeignete Feuerlöscheinrichtungen bereitgestellt werden.

Feuerlöscheinrichtungen im Sinne der ASR A2.2 sind z. B. tragbare oder fahrbare Feuerlöscher, Wandhydranten und weitere handbetriebene Geräte zur Bekämpfung von Entstehungsbränden.

Feuerlöscheinrichtungen sind auch ortsfeste Anlagen, z. B.:

- Sprinkleranlagen,
- Sprühwasserlöschanlagen,

- Pulverlöschanlagen,
- Schaumlöschanlagen,
- Kohlendioxid (CO_2)-Löschanlagen,
- Einspeiseeinrichtungen und Entnahmestellen für Steigleitungen

oder

- Löschfahrzeuge,
- gefüllte Löschsand- oder Löschwasserbehälter mit geeignetem Gerät zur Brandbekämpfung und
- Löschbrausen.

6.8.1 Anzahl und Art

- Feuerlöscheinrichtungen müssen nach Art und Umfang der Brandgefährdung und der Größe des zu schützenden Bereiches in ausreichender Anzahl bereitgehalten werden.
- Im Einzelfall können auch einfache Löscheinrichtungen, wie Löschsand (z.B. zur Metallbrand-Bekämpfung), Löschwasser ausreichen. Bei erhöhter Brandgefährdung können zusätzlich ortsfeste Feuerlöscheinrichtungen erforderlich werden.
- Arbeitgeber oder Betreiber haben dafür zu sorgen, dass Feuerlöscheinrichtungen funktionsfähig gehalten werden und jederzeit leicht erreichbar sind. Sie haben die Beschäftigten mit der Handhabung der Feuerlöscheinrichtungen vertraut zu machen.
- Werden Arbeiten in Bereichen durchgeführt, in denen die Kleidung von Personen leicht Feuer fangen kann (z.B. beim Umgang mit feuerflüssigen Massen, in Lackierräumen, Mineralölbetrieben oder chemischen Laboratorien), müssen zum Löschen in Brand geratener Kleidung geeignete Löschmittel vorhanden sein.
- Zum Löschen einer brennenden Person ist ein Feuerlöscher zu verwenden.

Löschdecken sind nach neuesten Erkenntnissen **nicht** geeignet. Siehe „Fachbereich AKTUELL – FBFHB-006“, Stand April 2020 der DGUV.

Löschmitteleinheiten

Die erforderlichen Löschmitteleinheiten (LE) können, abhängig von der Größe und dem Gefährdungspotential, den Tabellen der ASR A2.2 entnommen werden.

Die LE ist eine eingeführte Hilfsgröße, die es ermöglicht, die Leistungsfähigkeit unterschiedlicher Feuerlöscherbauarten zu vergleichen und evtl. das Löschvermögen dieser Feuerlöscher zu addieren.

LE in Abhängigkeit von Grundfläche der Arbeitsstätte:

Grundfläche bis … m²	Löschmitteleinheiten (LE)
50	6
100	9
200	12

Grundfläche bis ... m²	Löschmitteleinheiten (LE)
300	15
400	18
500	21
600	24
700	27
800	30
900	33
1000	36
je weitere 250	+6

6.8.2 Eignung

Feuerlöscher bzw. Löschmittel werden von den Herstellern entsprechend der Eignung einer oder mehrerer Brandklassen nach DIN EN 2 „Brandklassen“ zugeordnet. Diese Zuordnung ist dann auf den Feuerlöschern mit Piktogrammen nach DIN EN 3-7 angegeben (s. Tabelle).

Brandklasse nach EN 2	Definition	Beispiele	Löschmittel
A	Brände fester Stoffe, die normalerweise unter Glutbildung brennen	Holz, Kohle, Papier, Textilien, Stroh,	- Wasser - Schwerschaum - ABC-Pulver - bedingt CO_2
B	Brände von flüssigen u. flüssig werdenden Stoffen	Benzin, Alkohol, Teer, Wachs, viele Kunststoffe	- Schaum - ABC-Pulver - BC-Pulver - CO_2
C	Brände von Gasen	Methan, Propan, Wasserstoff, Acetylen, Erdgas	- ABC-Pulver - BC-Pulver - Gaszufuhr unterbinden
D	Brände von Metallen	Aluminium, Magnesium, Natrium	- Metallbrand-Pulver (D Pulver) - Sand - Streusalze
F	Fettbrand	Speiseöl, Speisefett, pflanzliche oder tierische Öle	- Speziallöschmittel (Fettbrandlöscher) - Topfdeckel

6.8.3 Richtiger Einsatz

Falsch	Richtig
	Feuer in Windrichtung angreifen
	Fächenbrände von vorn beginnend ablöschen
	Aber: Tropf- und Fließbrände von oben nach unten löschen
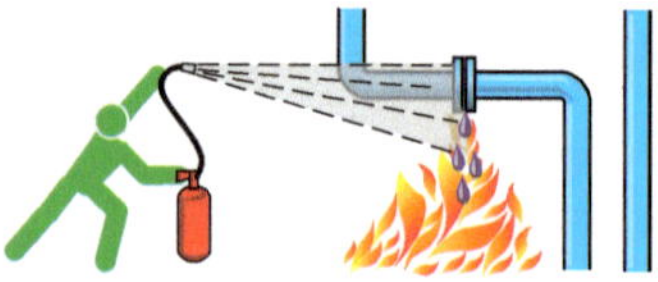	Genügend Löscher auf einmal einsetzen – nicht nacheinander
	Vorsicht vor Wiederentzündung
	Eingesetzte Feuerlöscher nicht mehr aufhängen. Feuerlöscher neu füllen lassen.

7 Beurteilung der Arbeitsbedingungen (Gefährdungsbeurteilung)

Arbeitgeber haben durch eine Beurteilung der für die Beschäftigten mit ihrer Arbeit verbundenen Gefährdung zu ermitteln, welche Maßnahmen des Arbeitsschutzes, einschließlich des Brandschutzes, erforderlich sind.

Entsprechend dem festgestellten Gefährdungspotential werden dann Schutzmaßnahmen ergriffen, die dann regelmäßig auf ihre Wirksamkeit überprüft und erforderlichenfalls an neue Entwicklungen und Erkenntnisse hinsichtlich Sicherheit und Gesundheitsschutz anpasst werden.

Folgende Gefährdungsfaktoren werden unter anderem im Handbuch „Gefährdungsbeurteilung“ (s. BAuA.de – Themen) erläutert:

1. Mechanische Gefährdungen
2. Elektrische Gefährdungen
3. **Gefahrstoffe, Brand- und Explosionsgefährdungen**
4. Biostoffe
5. Thermische Gefährdungen
6. Gefährdungen durch physikalische Einwirkungen
7. Gefährdungen durch Arbeitsumgebungsbedingungen
8. Physische Belastung
9. Psychische Faktoren
10. Arbeitszeitgestaltung

Bei den ausgewählten Schutzmaßnahmen haben Arbeitgeber die allgemeinen Grundsätze der Gefahrenverhütung zu beachten, wobei sie das Gebot der Gefährdungsminimierung, die Bekämpfung der Gefahr an der Quelle, die Berücksichtigung des Standes der Technik usw. zu berücksichtigen haben.

7.1 Begehung der Arbeitsstätten

Die Überprüfung der Brandschutzmaßnahmen im Betrieb ist regelmäßig in angemessenen Zeitabständen, spätestens aber **nach zwei Jahren**, durch eine Begehung der Arbeitsstätten zu gewährleisten.

Es wird empfohlen, diese Brandschutzbegehungen **nicht** mit anderen notwendigen Begehungen (z.B. jährliche Arbeitsplatzbegehung) zusammenzulegen.

Bei der Brandschutzbegehung sollen Schwachstellen festgestellt und der ordnungsgemäße Zustand der Arbeitsstätte, z.B. das Lagern von gefährlichen Stoffen oder Gasen, überprüft werden.

An der Begehung müssen die für den Brandschutz verantwortlichen Personen teilnehmen.

Teilnehmer können u.a. sein:

- Arbeitgeber bzw. die von ihm beauftragte Person,
- zuständige Führungskräfte (z.B. Abteilungsleiter/Meister),
- Fachkraft für Arbeitssicherheit, Betriebsarzt,
- die für den Betriebsteil zuständigen Sicherheitsbeauftragten, Brandschutzhelfer und Evakuierungshelfer,
- Betriebs- bzw. Personalrat, Schwerbehindertenvertretung
- Brandschutzbeauftragter, wenn vorhanden,
- Vertreter der zuständigen Feuerwehr,
- u.a.

Bericht

Über das Ergebnis der Brandschutzbegehungen ist ein Bericht zu erstellen und die dabei festgestellten Mängel sind unverzüglich oder mit zeitnaher Terminvorgabe zu beseitigen.

7.2 Checklisten

	Baulicher Brandschutz	ja	nein	Termin
1	Zugänglichkeit der baulichen Anlagen sichergestellt?			
2	Erster und zweiter Rettungsweg vorhanden?			
3	Anordnung der Brandabschnitte und anderen brandschutztechnischer Unterteilungen?			
4	Abschluss von Öffnungen (Brandschott) der Brandabschnitte?			
5	Anordnung und Ausführung von Rauchabschnitten (z. B. Rauchschürzen, Rauchschutztüren)			
6	Feuerwiderstand von Bauteilen (Standsicherheit, Raumabschluss, Isolierung usw.) bekannt?			
7	Brennbarkeit der Baustoffe bekannt?			

	Anlagentechnischer Brandschutz	ja	nein	Termin
1	Brandmeldeanlagen mit Darstellung der überwachten Bereiche vorhanden?			
2	Alarmierungseinrichtung mit Beschreibung der Auslösung und Funktionsweise vorhanden?			
3	Automatische Löschanlagen mit Darstellung der Art der Anlage und der geschützten Bereiche vorhanden?			
4	Brandschutztechnische Einrichtungen wie Steigleitungen, Wandhydranten, Druckerhöhungsanlage, halbstationäre Löschanlagen und Einspeisstellen für die Feuerwehr vorhanden und gekennzeichnet?			
5	Rauchableitung mit Darstellung der Anlage einschließlich der Zuluft Einleitung vorhanden?			
6	Einrichtungen zur Rauchfreihaltung vorhanden?			
7	Wärmeabzug mit Darstellung der Art der Anlage vorhanden?			
8	Lüftungskonzept vorhanden, soweit es den Brandschutz berührt (z. B. Umsteuerung der Lüftungsanlagen von Um- auf Abluftbetrieb)?			
9	Blitz- und Überspannungsschutzanlage vorhanden und geprüft?			
10	Sicherheits- und Notbeleuchtung vorhanden und funktionsfähig?			
11	Aufzüge (auch Feuerwehraufzüge) vorhanden und z. B. Brandfallsteuerung, Aufschaltung der Notrufabfrage funktionstüchtig?			
12	Funktion und Ausführung von z. B. Gebäudekommunikationsanlage gewährleistet?			

	Organisatorischer Brandschutz	ja	nein	Termin
1a	Brandschutzordnung Teil A gut sichtbar ausgehängt?			
1b	Brandschutzordnung Teil B allen Beschäftigten ausgehändigt?			
1c	Brandschutzordnung Teil C allen Experten des Brandschutzes ausgehändigt?			
2	Alarm-/Evakuierungsplan vorhanden?			
3	Flucht-/Rettungswegpläne ausgehängt?			
4a	Kennzeichnung der Flucht- und Rettungswege sowie der Sicherheitseinrichtungen?			
4b	Unterweisung in die Flucht- und Rettungswege sowie der Sicherheitseinrichtungen durchgeführt?			
5a	Bereitstellung von Kleinlöschgeräten (Feuerlöscher etc.)?			
5b	Werden Feuerlöschgeräte regelmäßig überprüft?			
6	Ausbildung des Personals in der Handhabung von Kleinlöschgeräten und die jährliche Einweisung der Mitarbeiter in die Brandschutzordnung?			
7	Wirksamkeit der baulichen und technischen Brandschutzmaßnahmen sichergestellt?			
8	Einrichtung einer Werkfeuerwehr erforderlich?			

	Abwehrender Brandschutz	ja	nein	Termin
1	Löschwasserversorgung und -rückhaltung gewährleistet?			
2	Feuerwehrplan nach DIN 14095 erstellt?			
3	Flächen für die Feuerwehr (Aufstell- und Bewegungsflächen) vorhanden und freigehalten?			
4	Einrichtung eines Schlüsseldepots für die Feuerwehr (Feuerwehrschlüsselkästen)?			
5	Zentrale Anlaufstelle für die Feuerwehr eingerichtet?			

Die o. a. Checklisten sind nicht abschließend und müssen um betriebliche Angaben erweitert werden.

8 Abkürzungsverzeichnis

A

A	Brandklasse für feste glutbildende Stoffe
A1	Nichtbrennbarer Baustoff, ohne brennbare Bestandteile
A2	Nichtbrennbarer Baustoff, mit geringen brennbaren Bestandteilen
ABC	Löschpulver für Brände der Brandklasse A, B, C
abZ	Allgemeine bauaufsichtliche Zulassung
AFB	Allgemeine Feuerversicherungsbedingungen
AGBB	Arbeitsgemeinschaft betrieblicher Brandschutz
ASÜ	Atemschutzüberwachung
AWAG	Automatisches Wähl- und Ansagegerät für Alarm- und Brandmeldeanlagen
AWUG	Automatisches Wähl- und Übertragungsgerät für Alarm- und Brandmeldeanlagen

B

B	Brandklasse – Brände flüssiger oder flüssig werdenden Stoffe
B	Baustoffklasse – brennbare Baustoffe
B1	Baustoffklasse – schwer entflammbare Baustoffe
B2	Baustoffklasse – normal entflammbare Baustoffe
B3	Baustoffklasse – leicht entflammbare Baustoffe
BA	Brandabschnitt
BauO ...	Bauordnungen der Länder
BC	Löschpulver für Brände der Brandklasse B u. C
BF	Berufsfeuerwehr
BG	Brandgefahr
BMA	Brandmeldeanlage(n)
BMZ	Brandmeldezentrale(n)
BS	Brandschutz, Brandsicherheit
BSG	Brandschutzgesetz (Länder)
BSK	Brandschutzklappe
BSN	Brandschutznachweis
BSO	Brandschutzordnung
BSt	Brandstelle
BtFw	Betriebsfeuerwehr

C

C	Brandklasse – Brände gasförmiger Stoffe
CO_2	Kohlendioxid

D

D	Brandklasse – Brände von Metallen
D	Löschpulver für Brände der Brandklasse D

E

EAT	Entrauchungsanlagen in Treppenräumen
ESFR	Early Suppression Fast Response (schnellansprechende Sprinkler)
EX	Explosionsgeschützt

EX-RL	Explosionsschutz-Regel(n)
F	
F	Brandklasse – Brände von Speiseölen und –fetten
F ...	Feuerwiderstandsklasse eines Bauteils
F	Gefahrenbezeichnung „leicht entzündlich“
F+	Gefahrenbezeichnung „hoch entzündlich“
FAT	Feuerwehr-Anzeigetableau
fb	feuerbeständig
FEZ	Feuerwehreinsatzzentrale
fh	feuerhemmend
FLA	Feuerlöschanlage
FSA	Feuerschutzabschluss
FSD	Feuerschlüsseldepot
FSK	Feuerwehrschlüsselkasten
FwLtS	Feuerwehrleitstelle
FwSP	Feuerwehrstützpunkt
G	
G ...	Feuerwiderstandsklasse von Brandschutzverglasung
G 26	Grundsatz arbeitsmedizinische Vorsorgeuntersuchung für Träger von Atemschutzgeräten
GA	Gebäudeabschlusswand
H	
H	Hydrant
hfh	Hochfeuerhemmend
I	
I ...	Feuerwiderstandsklasse eines Installationsschachtes
IndBauRL	Industriebau-Richtlinie
K	
K ...	Feuerwiderstandsklasse von Brandschutzklappen
KLR	Kunststofflager-Richtlinie
L	
L ...	Feuerwiderstandsklasse von Lüftungsleitungen
LAR	Leitungsanlagen-Richtlinie
LBO	Landesbauordnung
LE	Löschmitteleinheiten
LüAR	Lüftungsanlagen-Richtlinie
LWT	Lösch-Wasser-Technik
M	
MA	Maschineller Rauchabzug
MAK	Maximale Arbeitsplatzkonzentration
MBO	Muster-Bauordnung
M-FeuVO	Muster-Feuerungsverordnung
M-LüAR	Muster-Lüftungsanlagen-Richtlinie

MRA	Maschineller Rauchabzug
MVKVO	Muster-Verkaufsstättenverordnung
N	
NA	Notausgang
nb	Nicht brennbar
NRA	Natürlicher Rauchabzug
NRWG	Natürliche Rauch- und Wärmeabzugsgeräte
NSG	Notsignalgeber
NSL	Notruf- und Service-Leitstelle
O	
OF	Ortsfeuerwehr
OEG	Obere Explosionsgrenze
P	
PF	Pflichtfeuerwehr
PSA	Persönliche Schutzausrüstung
R	
R	Raumabschluss
R ...	Feuerwiderstandsklasse von Rohrabschottungen
RA	Rauchabzug
RAS	Rauchansaugsystem
RbBH	Richtlinie für die Verwendung brennbarer Baustoffe im Hochbau
RDA	Rauchschutz-Druckanlage
RDT	Rauchdichte Tür
RH	Rettungshelfer
RLT	Raumlufttechnische Anlage
Rnb	Nichtbrennbarer Raumabschluss
RS	Rauchschutztür
RS-1	Einflügelige Rauchschutztür
RS-2	Zweiflügelige Rauchschutztür
RTI	Response Time Index (Ansprechverhalten von Sprinkleranlagen)
RWA	Rauch- und Wärme-Abzugsanlage
S	
S ...	Feuerwiderstandsklasse von Kabelabschottungen
T	
T ...	Feuerwiderstandsklasse von Feuerschutzabschlüssen
TRBS	Technische Regeln für Betriebssicherheit
Trh.	Treppenhaus
U	
ÜAG	Übertragungsanlagen für Gefahrenmeldungen
UEG	Untere Explosionsgrenze
UH	Unterflurhydrant
ÜH	Überflurhydrant

V

VdS	Verband der Sachversicherer
vfdb	Vereinigung zur Förderung des deutschen Brandschutzes e.V.
VOB	Vergabe- und Vertragsordnung für Bauleistungen
VStättV	Versammlungsstätten-Verordnung

W

WA	Wärmeabzug
WF	Werksfeuerwehr

9 Stichwortverzeichnis

Abbildungsverzeichnis

S. 14, 28, 29, 30, 31, 34, 48, 67 antto – stock.adobe.com

S. 18, 19 Daniel Berkmann – stock.adobe.com

S. 22 kuroksta – stock.adobe.com

S. 23, 25, 28, 32, 48 micromaniac86 – stock.adobe.com

S. 26 howcolour – stock.adobe.com

S. 27 blankstock – stock.adobe.com

S. 31 Abbildung 1 aus der DGUV Information 205-003 „Aufgaben, Qualifikation, Ausbildung und Bestellung von Brandschutzbeauftragten“ der Deutschen Gesetzlichen Unfallversicherung e.V. (DGUV), Glinkastraße 40, 10117 Berlin, www.dguv.de

S. 39 Abbildung 15 aus der DGUV Information 205-023 „Brandschutzhelfer – Ausbildung und Befähigung“ der Deutschen Gesetzlichen Unfallversicherung e.V. (DGUV), Glinkastraße 40, 10117 Berlin, www.dguv.de

S. 44 Nach Abbildung 3 aus der DGUV Information 211-042 „Sicherheitsbeauftragte“ der Deutschen Gesetzlichen Unfallversicherung e.V. (DGUV), Glinkastraße 40, 10117 Berlin, www.dguv.de

S. 39 Sönke Kurth nach Informationen aus Kap. 2.1 sowie 2.2 aus der DGUV Information 205-023, „Brandschutzhelfer – Ausbildung und Befähigung“ der Deutschen Gesetzlichen Unfallversicherung e.V. (DGUV), Glinkastraße 40, 10117 Berlin, www.dguv.de